ÉLÉMENTS
D'HORTICULTURE

PAR

LUCIEN PLATT

Ancien sous-directeur du jardin botanique
de Saint-Pierre-la-Martinique.

A PARIS

CHEZ N. J. PHILIPPART, ÉDITEUR
4 — Rue Honoré-Chevalier — 4

ET DANS LES DÉPARTEMENTS
CHEZ TOUS LES LIBRAIRES

ABRÉGÉ

D'HORTICULTURE

OU

NOTIONS ÉLÉMENTAIRES

Sur la greffe et la taille des arbres, sur la culture des principales fleurs
d'agrément et sur la culture potagère

PAR

LUCIEN PLATT

ANCIEN SOUS-DIRECTEUR DU JARDIN DES PLANTES DE SAINT-PIERRE (MARTINIQUE).

PARIS

N. J. PHILIPPART, ÉDITEUR

4, RUE HONORÉ-CHEVALIER, 4

ET DANS LES DÉPARTEMENTS

CHEZ TOUS LES LIBRAIRES.

1861

TABLE DES MATIÈRES

733 — Paris. Imp. Ch. Bonnet et Cie, rue Vavin, 42.

NOTIONS ÉLÉMENTAIRES
D'HORTICULTURE

PRÉAMBULE.

L'Horticulture, considérée au point de vue le plus général, réunit plusieurs parties très distinctes dans la pratique : l'*arboriculture* ou science des arbres ; la *culture potagère* ou *maraîchère*, et enfin l'*horticulture* proprement dite ou la culture des plantes d'ornement.

Nous n'avons que quelques pages pour traiter ces sujets intéressants. Nous donnerons donc à chacun de ces groupes de plantes une place proportionnée à l'importance qu'il a dans les jardins, et nous laisserons de côté l'orangerie et la serre chaude, qui n'intéressent que quelques riches amateurs.

Des considérations générales sur la nature des terrains, sur le rôle des fumiers, sur l'action de la chaleur, de la lumière, de la pluie, nous seraient indispensables et viendraient cependant rétrécir le cadre de notre abrégé. On trouvera ces notions élémentaires dans le volume d'Agriculture de la Bibliothèque Philippart.

L'horticulture a les mêmes bases que l'agriculture. La physiologie végétale, la physique, la chimie, l'éclairent de la même lumière. Nous avons pu, en écrivant notre abrégé d'agriculture, poser en même temps les prémisses nécessaires à l'intelligence des travaux agricoles et à l'interprétation des procédés de l'horticulteur.

L'horticulture n'est, en somme, qu'une agriculture sur une petite échelle, où l'on a affaire à un très-grand nombre de plantes différentes, où la bêche remplace la charrue, et le rateau la **herse** ; ce qui s'applique à l'une convient à l'autre. Nous n'avons donc pas à revenir sur les principes communs qui nous ont déjà occupé.

Certains procédés de multiplication appartiennent presque exclusivement à l'art horticole; nous leur consacrerons **notre** premier chapitre.

MULTIPLICATION DES PLANTES.

I. GRAINES ET SEMIS.

Toute plante commence par une graine, excepté dans quelques cas particuliers que nous étudierons. Prenons la vie végétale à ses débuts, *ab ovo*, au moment où la graine commence à germer, car dans les opérations qu'on fait subir aux arbres on observe des phénomènes analogues à ceux de la germination, et il est important que nous connaissions d'abord ceux-ci :

Dès qu'une graine est placée dans les conditions normales de son développement, sous l'influence de la chaleur et de l'humidité, elle se gonfle, ses cotylédons grossissent, sa radicule s'allonge et s'enfonce dans le sol. A travers les enveloppes rompues la *gemmule* se dégage, se redresse ; les cotylédons s'étalent, fournissent à la jeune plante la nourriture qu'ils ont accumulée dans leurs tissus, puis **se** flétrissent et tombent lorsque les premières feuilles sont suffisamment développées.

La germination est alors achevée. La plante n'a plus qu'à croître et qu'à multiplier ses feuilles. C'est, à vrai dire, **un** bourgeon qui s'est développé, nourri par les sucs **élaborés** dans les cotylédons ou dans l'endosperme.

L'eau, l'oxygène et la chaleur sont les seuls agents indispensables pour l'accomplissement de ce phénomène. On ne peut cependant passer sous silence l'action du sol dans lequel la graine est semée. Ce milieu est nécessaire à la germination de la plupart des espèces. Il sert de support et de soutien aux jeunes plantes; il distribue lentement à **chaque** graine la quantité d'humidité qui lui est nécessaire; **et, dès** que la radicule est développée, il lui fournit les **liquides** chargés des principes nutritifs qu'elle a besoin d'absorber.

L'expérience a démontré que les graines germent plus facilement dans les terrains légers que dans ceux qui **sont** lourds et compactes. La surface de ces derniers se durcit en une croûte imperméable, prive la graine de l'influence de l'air et en retarde la germination. D'autres fois ils retiennent l'eau en trop grande abondance; les semences s'y trouvent comme noyées et pourrissent. Les sols légers sont au contraire très perméables à l'air et à l'eau; les semences y sont soumises à l'influence de l'oxygène, et y trouvent une humidité suffisante. Enfin, la profondeur à laquelle les graines sont enterrées, agit encore sur la germination. Si ces graines sont recouvertes de telle manière que l'air ne puisse les atteindre, leur évolution restera stationnaire. Elles souffriront également si elles sont posées seulement à la surface du sol, où les plus grosses surtout ne trouveront pas assez d'humidité.

On conçoit que l'art des semis demande encore une certaine habileté pratique, ou du moins qu'il exige la connaissance des principes que nous venons d'exposer.

II. COUCHES.

Les plantes délicates et celles qui doivent prendre un grand développement ne sont pas généralement semées en place. Leur premier âge se passe sur la *couche* ou dans la *pépinière*.

Une couche se compose essentiellement d'un tas de fumier qui fermente et qui dégage une certaine quantité de chaleur pendant un temps donné. Sur le tas de fumier, on étend un lit de terre mêlée de terreau, dans lequel l'on sème les graines qui tarderaient trop à lever, ou bien les plantes qui se développeraient mal en pleine terre. La douce température qu'entretient la couche et les gaz ammoniacaux qui s'en dégagent exercent une influence accélératrice sur la végétation et permettent de récolter des primeurs ou d'avoir de jeunes sujets à planter au moment où, dans nos climats, les plantes de pleine terre commencent seulement à sortir du sommeil hivernal.

On emploie à cet usage le fumier des chevaux, des ânes et des mulets.

Le midi est la plus favorable exposition pour placer les couches. Elles doivent être larges de 1 mètre à 1ᵐ.30. On ne risque rien de les faire hautes, parce qu'elles baissent toujours assez. Si le fumier est trop sec, on le mouille à différentes reprises en dressant la couche. On doit fouler fortement avec les pieds, surtout sur les bords, et l'on recouvre d'un terreau très menu, très léger, mélangé de terre franche, bien meuble et bien sèche.

Il faut alors attendre environ une semaine avant de semer

ou de planter, parce que le fumier s'échauffe beaucoup trop dans les premiers jours. Quand la fermentation s'est modérée et qu'on peut tenir la main dans la couche du terreau, il est temps de planter ou de semer.

Lorsqu'une couche perd sa chaleur et qu'on a besoin de l'entretenir au même degré de température, on la réchauffe tout autour avec de longs fumiers neufs.

III. PÉPINIÈRE.

Il est toujours profitable d'avoir chez soi une pépinière. Outre le bénéfice qu'elle peut donner par les arbres qu'on vend, elle procure au propriétaire des plants qui quittent un sol analogue à celui qu'ils vont retrouver, et qui, par conséquent, ne manquent pas de prospérer, d'autant mieux qu'on peut les transplanter sans retard à mesure qu'on les arrache. De tels arbres sont bien préférables à la plupart de ceux qu'on paye très cher, qui sont exposés à être écorcés dans les transports, et qui, souvent tirés de terre depuis quelques jours, peuvent avoir été gelés ou desséchés. D'ailleurs le propriétaire d'une pépinière est certain d'avoir précisément les espèces et les variétés qu'il désire et qu'il connaît bien. Ainsi on plante à peu de frais, on plante bien, et on entretient en bon état un verger ou un jardin.

Le terrain qu'on destine à recevoir une pépinière doit être élevé, sain, un peu profond, à l'abri des vents du nord et de l'ouest, en situation un peu fraîche et même à proximité de l'eau, pour qu'on puisse arroser facilement pendant les grandes chaleurs. Il faut bien nettoyer le sol, dès la fin de l'été, l'ameublir et l'amender s'il en a besoin. — Les feuilles et les herbages, consommés en terreau, seront un excellent engrais.

Chaque espèce d'arbres doit recevoir des soins particuliers dans la pépinière pour former sa tige et se mettre à fruit. — Nous étudierons en détail ces procédés de l'arboriculture, en traitant successivement des différentes classes de végétaux arborescents.

De tous les modes de multiplication des arbres, le meilleur est le semis. Les plants qui proviennent de boutures, de marcottes, de rejetons, ne parviennent jamais au même degré de force que ceux qui ont été élevés de graines. Mais le semis ne donne des arbres en plein rapport qu'après un certain nombre d'années. Il faut donc que, dans la plupart des cas, l'art vienne au secours de la nature trop lente à notre gré.

IV. MARCOTTES.

La marcotte est une branche à laquelle l'art a donné des racines. C'est une partie de la plante qu'on a peu à peu habituée à vivre indépendante de la plante totale. Quand on sépare la marcotte du *pied mère,* elle est devenue un arbre semblable à celui dont elle n'était qu'une branche.

Le marcottage peut être pratiqué en toute saison, pourvu que la température ne soit pas au-dessous de zéro. Cependant il vaudra toujours mieux choisir le moment qui précède le premier bourgeonnement du printemps : la branche marcottée s'habituera mieux à un genre de vie qui commence avec la reprise de la végétation.

On prend au printemps un rameau d'un ou de deux ans, on le couche dans un sillon, on le couvre de terre et on relève son extrémité libre le long d'un tuteur. La branche tient à l'arbre, elle continue d'abord de se nourrir dans le sol par les racines du pied mère, le liquide séveux, entraîné par la capillarité dans les tissus de la plante, continue de s'infiltrer jusqu'aux extrémités des rameaux. Les feuilles qui existent à l'extrémité libre de la marcotte continuent de produire des filets ligneux corticaux et l'écorce de la marcotte, attendrie par l'humidité, livre passage à ces filets ligneux qui deviennent bientôt des racines.

Veut-on hâter l'apparition des racines? on pratique une incision annulaire sur la tige à l'endroit où elle s'enfonce en terre du côté du tronc. On arrête là les filets ligneux et corticaux ; on les oblige à sortir et à pénétrer dans la terre. Le même résultat s'obtient en remplaçant l'incision par une ligature fortement serrée, par un fil de fer tordu avec des tenailles. Si enfin la branche marcottée est d'un bois dur ou trop âgé, on l'incise obliquement jusqu'au milieu de son diamètre, et on le fend ensuite par le milieu. On tient la languette écartée du rameau par un corps étranger. On peut même pratiquer deux ou trois fentes dans la longueur sur cette section oblique ou transversale. Les racines apparaîtront toujours à l'endroit où la couche corticale s'interrompt. La seule condition est que le sol reste toujours moyennement humide.

Les marcottes ont l'inconvénient de n'avoir que des racines latérales. Comme elles manquent de pivot, elles ne sont bonnes que pour des terrains qui n'ont pas de fond. Elles contribuent cependant à multiplier quelques espèces rares, et dans un pressant besoin elles donnent promptement des sujets sur lesquels on peut greffer.

V. BOUTURES.

Passons à une opération plus hardie : la bouture. On prend en février ou en mars un rameau jeune, on le coupe net ; on le plante dans un trou ou bien on le couche dans un sillon comme une marcotte ; la terre doit être bien meuble, ombragée et humide, ni trop ni trop peu. On laisse hors de terre deux ou trois yeux. Si la bouture avait des feuilles, on garde précieusement celles du bout non enterré. Dans la partie inférieure l'écorce s'attendrit, se couvre de petits mamelons et livre passage à des racines qui peu à peu grossissent et assurent l'existence individuelle de la bouture.

Ce mode de multiplication est plus prompt que le marcottage, mais il ne peut être employé que pour les espèces à bois très mou qui s'enracinent facilement.

Au lieu de couper le rameau à quelque distance du point où il tenait à la branche, on peut le couper tout près de cette partie, et on l'enlève avec le talon qui se trouve à sa base. On peut encore, au lieu de couper le rameau, l'arracher avec effort, de manière à enlever une petite portion du corps ligneux de la branche sur laquelle il est né. Mais ce dernier moyen, qui est cependant le meilleur, offre encore de graves inconvénients pour les arbres sur lesquels on le pratique. Les boutures *à talon* sont celles qui s'enracinent le plus facilement.

Dans certains cas, on réserve à la base du rameau de l'année une certaine étendue de la branche qui lui a donné naissance. On laisse au rameau une longueur de 0^m,30 , et à la portion de la branche une étendue de 0^m,16, de manière, toutefois, que chacune des extrémités de ce fragment de branche soit pourvue d'un point ayant donné naissance à un bouton ou à un rameau. Cette bouture offre des chances plus grandes de succès pour multiplier la vigne et les espèces d'arbrisseaux sarmenteux, parce que les diverses insertions qui se trouvent enterrées sont très favorables au développement des racines.

VI. GREFFES.

La greffe est, suivant André Thouin, « une partie végétale vivante qui, unie à une autre ou insérée dedans, s'identifie avec elle et y croît comme sur son pied naturel, lorsque l'analogie entre les individus est suffisante. »

On sait que la greffe sert à multiplier les variétés qui ne se reproduisent pas de graines, par exemple celles de la plupart des fruits, des fleurs doubles, enfin les panachures et les anomalies de toutes sortes. On s'en sert encore pour multiplier rapidement une espèce rare ou difficile à élever en la plaçant sur une espèce analogue plus commune ou plus robuste. C'est ainsi qu'on greffe le pêcher sur le prunier et sur l'amandier, le poirier sur le cognassier, l'olivier sur le troène, etc. Quelques personnes ont cru ou croient encore que cette opération change les qualité d'un fruit, en augmentant sa grosseur ou en lui faisant acquérir une saveur plus agréable. C'est là une opinion absolument erronée.

La greffe ne fait que maintenir et conserver les variétés obtenues par hasard ou par une culture très-habile et par des fécondations hybrides.

Pour que la greffe réussisse et dure longtemps, il faut, autant que possible, la placer sur un sujet d'une vigueur égale à celle de l'espèce greffée. Il faut aussi qu'il y ait de l'analogie entre la greffe et le sujet ; plus il y aura d'analogie, plus le succès de l'opération sera assuré. C'est ainsi que l'on ne greffe les fruits à noyau que sur des espèces qui produisent des fruits à noyau ; des fruits à pépins que sur des espèces qui produisent des fruits à pépins. Les greffes que l'on a nommées hétérogènes, comme par exemple celles de la vigne sur le noyer, de l'oranger sur le houx, du rosier sur le cassis, ne peuvent être considérées, si toutefois les résultats annoncés sont vrais, que comme de très rares exceptions.

On connaît à peu près cent quarante sortes de greffes. Ce ne sont que des procédés divers d'une seule et même opération. La plupart ne sont pratiquées que par les curieux. Nous renverrons aux ouvrages spéciaux les personnes que ce sujet intéresse, et nous nous bornerons à étudier les principales variétés. Nous les rangerons dans les trois genres suivants : 1° greffes par approche ; 2° greffes par scions ou rameaux ; 3° greffes par œil ou bourgeon.

Les GREFFES PAR APPROCHE ont pour principal caractère de n'être séparées du pied mère qu'après qu'elles sont complétement soudées avec le sujet.

Le mode d'opérer des greffes par approche consiste à faire aux parties qu'on veut greffer les unes sur les autres des plaies correspondantes bien nettes et proportionnées à leur gros-

seur, depuis l'épiderme jusqu'à l'aubier, et quelquefois jusqu'au canal médullaire : à réunir ces plaies de manière qu'elles se recouvrent mutuellement, qu'elles ne laissent entre
elles que le moins de vide possible, et surtout que les feuil-
lets du liber soient exactement joints dans le plus grand

nombre possible de leurs points ; à fixer ces parties ainsi
disposées à l'aide de ligatures et de tuteurs solides, pour
empêcher toute disjonction ; à préserver les plaies de
l'accès de l'eau et de l'air au moyen du mastic à greffer ; à surveiller le grossissement des parties, pour préve-
nir toute nodosité difforme ; enfin à ne sevrer les greffes
de leur pied mère qu'après leur soudure complète avec le
sujet. Cette soudure est ordinairement suffisante au bout d'un
an. Quelquefois, cependant, lorsque les espèces se soudent
difficilement, on est obligé d'attendre deux ans. En général,
pour les espèces délicates, il y aura avantage à n'effectuer
le sevrage que progressivement, c'est-à-dire qu'on commen-
cera par pratiquer une entaille qui pénétrera jusqu'au tiers
de la grosseur de la greffe, et cela du côté opposé à l'incision, immédiatement au-dessous du point où elle commence
à s'unir avec le sujet. Quelque temps après on fera pénétrer
cette entaille jusqu'aux deux tiers de la grosseur de la greffe ;
enfin, après un nouveau laps de temps, on la séparera complétement. On habitue ainsi la greffe à tirer sa nourriture
du sujet, et le trouble résultant du sevrage devient pour elle
beaucoup moins sensible.

La greffe par approche n'est pas seulement employée pour
multiplier de bonnes espèces. On peut y recourir pour com-

bler les vides de la charpente d'un arbre. Dans ce cas , on prend un rameau qu'on greffe sur le tronc à l'endroit où manque une branche.

Au lieu d'unir les parties ligneuses du sujet et de la greffe, on peut opérer sur des bourgeons encore herbacés qu'on prend pour greffes. Cette méthode est très utile pour les espèces à écorce mince, dont la jonction a peu d'adhérence.

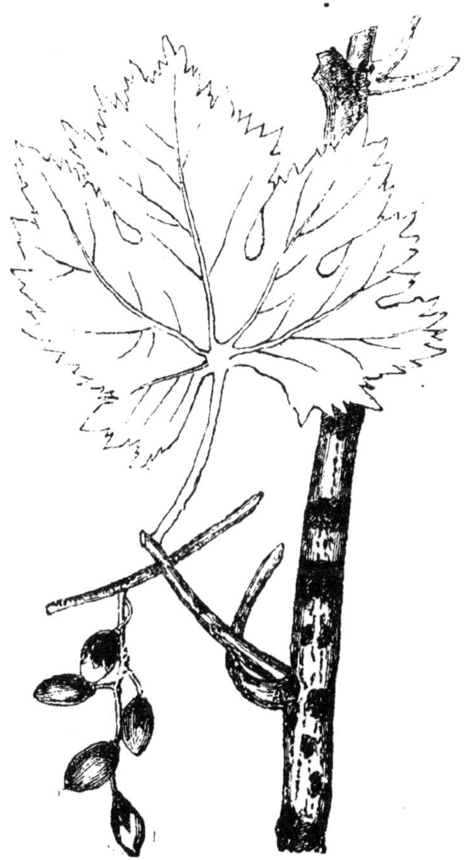

La greffe par approche herbacée s'emploie surtout pour remplacer les rameaux à fruits du pêcher et les coursons de la vigne.

L'une des plus ingénieuses applications de ce procédé est celle qu'on a faite à la nutrition des fruits par les sucs d'un rameau stérile. Vers la fin de juin, on choisit un bourgeon vigoureux placé dans le voisinage d'un fruit. On le greffe par approche sur le pédoncule de ce fruit. On pince ensuite l'extrémité de ce bourgeon lorsque la soudure est complète, afin de l'empêcher d'absorber une trop grande quantité de séve. Ce bourgeon attire ainsi une plus grande abondance de fluides nourriciers au profit du fruit qui devient alors beaucoup plus gros.

LES GREFFES PAR SCIONS OU PAR RAMEAUX ont pour caractère de s'effectuer avec des rameaux ou des portions de rameaux qu'on sépare de leur pied mère pour les placer sur un autre individu.

On choisit pour ces greffes des rameaux de l'année précédente, et l'on prend de préférence les plus vigoureux et les mieux *aoûtés*. On fait en sorte que la greffe soit toujours dans un état de végétation moins avancée que le sujet. Si le contraire avait lieu, la greffe, ne trouvant pas dans le sujet une quantité de séve assez abondante pour fournir à ses besoins, se dessécherait rapidement. Pour atteindre plus sûrement ce résultat, il suffira de détacher les greffes de leur pied mère un mois ou deux avant l'opération, et de les enterrer au pied d'un mur exposé au nord. Elles se conserveront parfaitement ainsi, et leur végétation restera stationnaire tandis que celle des sujets suivra l'influence de la saison ; elles seront moins avancées que les sujets. — On place la greffe sur le côté de la tige du sujet exposé au midi, afin que la séve y arrive en plus grande abondance ; on pratique les amputations de manière que les écorces soient coupées bien net et non déchirées sur leurs bords ; on fait coïncider parfaitement les couches du liber du sujet avec celles de la greffe, sur la plus grande partie de l'étendue de la plaie ; on ligature les parties opérées, puis on recouvre les plaies avec du mastic à greffer. On abrite les greffes pendant les quinze premiers jours qui suivent l'opération contre l'ardeur du soleil et l'action desséchante de l'air, et l'on fait en sorte que les greffes une fois placées ne soient pas ébranlées.

On distingue plusieurs sortes de greffes par rameaux.

La GREFFE EN FENTE doit avoir quarante à quarante-cinq centimètres de longueur avec quelques boutons à feuilles bien nourris. On l'étête, puis on taille l'extrémité inférieure en forme de coin dont une tranche sera entièrement munie d'écorce. On coupe proprement avec la scie le tronc du sujet à la hauteur qui convient ; puis, avec le greffoir et le marteau, on ouvre une fente de cinq à huit centimètres de long : on introduit un petit coin au milieu de cette fente pour la tenir ouverte. On place une ou deux greffes taillées à l'instant en rapprochant exactement leur écorce et surtout leur liber de

ceux du sujet, de manière que le liber et le parenchyme soient bien en contact. On retire alors doucement le coin , les parties disjointes se rapprochent. La greffe ou les greffes se trouvent ainsi convenablement pressées et assujetties : aussitôt on garnit l'œil de la greffe et du sujet, ainsi que les lèvres de la fente, d'un mélange de filasse et de terre glaise battue avec de la bouse de vache (onguent ou baume de Saint-Fiacre). On place en poupée par dessus une poignée de mousse ou de petit-foin, on assujettit et on lie le tout avec de la filasse ou de l'écorce de jeunes branches d'orme, et on insère dans le lien une petite branche plus élevée que les greffes et plus inclinée pour servir de perchoir aux oiseaux qui , sans cette précaution, pourraient briser ou déplacer la greffe.

On peut avec avantage remplacer le baume de Saint-Fiacre par le mastic à greffer qu'on fabrique avec des ingrédients peu coûteux dans les proportions suivantes :

Poix noire.	28
Poix de Bourgogne.	28
Cire jaune.	16
Suif	14
Cendres tamisées.	14
	100

Ce mélange doit être employé assez chaud pour être liquide, mais pas assez pour altérer les tissus de l'arbre. On l'étend sur les plaies à l'aide d'une petite brosse.

La GREFFE EN COURONNE se pratique à peu près comme la greffe en fente. On insère plusieurs greffes en cercle autour du tronc du sujet.

On opère ces greffes le plus souvent au printemps, au moment où les boutons du sujet commencent à s'entr'ouvrir. On peut cependant greffer aussi en fente, dans les premiers jours de septembre, alors que les sujets n'ont plus de séve que ce qu'il en faut pour que la soudure s'établisse. La greffe se développe au printemps suivant.

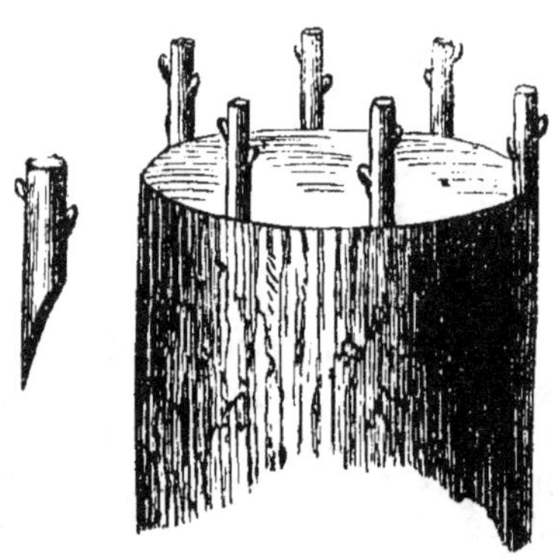

Les greffes par œil ou par bourgeon ont pour caractère de s'opérer avec de simples bourgeons adhérents à une plaque d'écorce qu'on transporte d'une place à une autre sur le même individu ou sur des individus différents. Nous en examinerons deux variétés.

La greffe en écusson ne doit être pratiquée que lorsque les arbres sont en séve, afin que l'écorce du sujet puisse être facilement détachée de l'aubier. On choisit à cet effet le mois de mai, et plus souvent le moment de la séve d'août.

On prend sur les arbres qu'on veut multiplier des rameaux dont les feuilles offrent à leur aisselle des yeux bien constitués. Si ces yeux ne sont pas assez développés, on pince l'extrémité herbacée du rameau pour faire refluer la séve vers sa base. Après une douzaine de jours, les yeux ont atteint un développement suffisant, et l'on détache le rameau de son pied mère. Aussitôt après, on supprime la feuille en réservant un centimètre environ du pétiole. Cette petite queue, qui reste attachée au-dessous de chaque œil, sert à le tenir entre les doigts. On découpe autour des yeux une petite surface d'écorce en forme d'écusson : ce sera la greffe. Mais il faut avoir bien soin que l'écusson conserve à sa face inférieure le liber qui doit assurer sa reprise.

L'écusson préparé, il s'agit de faire au sujet l'incision qui doit le recevoir. On coupe l'écorce depuis l'épiderme jusqu'à l'aubier, d'abord par une entaille transversale, puis par une autre longitudinale, qui commence vers le milieu de la première, et se prolonge, en descendant et en montant, dans une

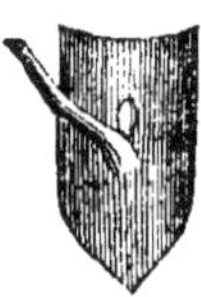 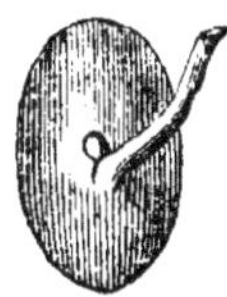

longueur proportionnée à celle de l'écusson, de manière à former la figure d'un **T** droit ou renversé.

Pour placer l'écusson, on écarte, en commençant par le haut, avec la spatule ou lame d'ivoire du greffoir, les deux lèvres de l'incision, et on soulève l'écorce avec la plus grande attention de ne pas la déchirer ni la blesser. L'écusson qu'on tenait entre les lèvres, pour avoir les mains libres, est saisi par le pétiole et glissé sous l'écorce ; on fait coïncider parfaitement le liber de sa partie coupée transversalement avec le liber de l'incision transversale du sujet ; puis, on rapproche par-dessus les lèvres de l'écorce du sujet, de manière qu'il n'y ait aucun vide entre les parties. On fait la ligature en enveloppant le tout, excepté l'œil, de plusieurs tours de laine ou de chanvre. Après quinze jours ou un mois, la réunion des écorces est opérée et la greffe est reprise.

Pour que les écussons placés lors de la première séve, vers le mois de mai, se développent immédiatement après leur soudure, on coupe la tête ou les branches du sujet à 0^m,03 ou 0^m,04 du point où les écussons ont été posés, et cela, immédiatement après l'opération de la greffe.

Les écussons posés lors de la séve d'août ne devant, au contraire, végéter qu'au printemps, on ne pratique l'amputation de la tête ou des branches du sujet qu'au printemps qui suit l'opération. Si l'on coupait la tête du sujet immédiatement après la pose de l'écusson, celui-ci se développerait avant l'hiver, mais le bourgeon n'aurait pas le temps de *s'aoûter* suffisamment et serait exposé à périr ou à souffrir beaucoup.

La greffe en écusson est la plus employée pour la multiplication des jeunes arbres fruitiers ; c'est la seule qu'on doive pratiquer sur les espèces à noyau, les pêchers, les pruniers, les abricotiers. Elle est facile, solide, et n'offre aucun des inconvénients des autres greffes ; elle est aussi fort utile pour la multiplication des rosiers et d'un certain nombre d'arbustes d'ornements.

Les GREFFES EN FLUTE se composent d'un ou de plusieurs yeux portés sur un anneau d'écorce. Elles sont affectées plus particulièrement à la multiplication de certains grands arbres fruitiers.

Vers le déclin de la séve d'août, on choisit un jour où le temps est doux et sans pluie. On cherche sur l'arbre qu'on veut multiplier un jeune rameau d'un diamètre égal à celui du sujet, et muni d'yeux bien formés. On enlève, sur ce rameau, sans le détacher de son pied mère, un anneau d'écorce muni d'un ou de deux yeux ; on détache sur le sujet un anneau d'écorce sans yeux et de pareilles dimensions. On pose l'anneau de la greffe à la place de celui qui a été enlevé au sujet et l'on met l'anneau du sujet à la place de l'anneau qui a fourni la greffe. On recouvre les scissures avec du mastic à greffer. Au printemps suivant, si la greffe est reprise, on coupe la tête du sujet immédiatement au-dessus du point où la greffe a été posée, afin de favoriser le développement des boutons qu'elle porte.

La greffe des arbres résineux présente quelques particularités ; voici comment on l'opère. Lorsque le bourgeon terminal du sujet est arrivé aux deux tiers de sa longueur, on le coupe horizontalement vers le point où il

commence à perdre la consistance herbacée pour prendre
la consistance ligneuse; on arrache les jeunes feuilles sur
une longueur de 0^m,6 à 0^m,7 ; on n'en laisse qu'un bouquet au
sommet pour attirer la séve et nourrir la greffe. On fend par
le milieu le bourgeon sur une longueur de0^m,4 à 0^m,6, et on

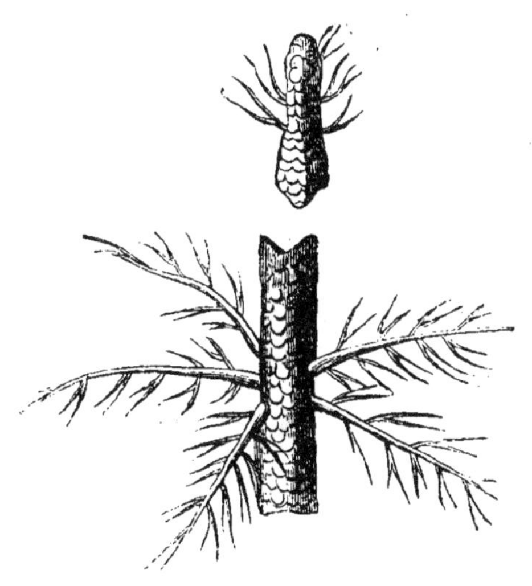

y introduit la greffe taillée en forme de coin obtus. Celle-ci
doit être descendue dans la fente du sujet, de telle sorte que
le point de départ de l'incision se trouve placé un peu au-
dessous du sommet du sujet.

On cueille à l'avance les greffes à l'extrémité des branches
latérales des espèces qu'on veut multiplier ; il faut, comme
pour le sujet, que ces bourgeons ne soient ni trop herbacés
ni trop ligneux ; il est essentiel de choisir des greffes dont le
diamètre soit égal à celui du sujet.

CONDUITE DES ARBRES.

I. PRINCIPES GÉNÉRAUX DE LA TAILLE.

Qu'est-ce que la taille des arbres? Une amputation répétée
chaque année sur un point donné de certaines branches pour

favoriser le développement et la fructification des bourgeons qu'on aura conservés.

La taille différera donc selon les espèces d'arbres, car, sur les uns, les boutons à fruit naissent auprès des rameaux, sur les autres, ils se développent à leur extrémité. Dans les arbres à noyau, les boutons à fruit se montrent sur le bois de l'année précédente, et ne peuvent se changer en boutons à bois; dans les arbres à pepins, les boutons à fruits se développent plus généralement sur le vieux bois. Il résulte de ces différences entre les manières de végéter des arbres de nos vergers qu'il y a presque autant de tailles qu'il y a d'espèces d'arbres à fruit.

II. FRUITS A PEPINS.

Les arbres à fruits à pepins sont tous reproduits au moyen de la greffe. Arrêtons nous d'abord au mode de multiplication des sujets.

Les sujets de pommier et de poirier francs sont obtenus au moyen des semis. Les pepins *stratifiés* (1) sont semés au printemps. Au bout d'un an, les plants sont repiqués. Il n'y a aucun inconvénient à retrancher une partie de la jeune tige si l'état des racines rend cette opération nécessaire, car tous ces plants sont destinés à être greffés en pied, ou à être recépés pour être greffés en tête.

Pour les arbres qui doivent former de hautes tiges, on devra toujours choisir les plus beaux plants, connus par les pépiniéristes sous le nom de baliveaux; on les recépe deux ans après leur repiquage.

Quelques pépiniéristes ont récemment adopté l'usage de greffer en pied les sujets du pommier ou du poirier francs, destinés à former de hautes tiges, au lieu de les recéper. Ils emploient, comme greffes, certaines variétés de pommier ou de poirier d'une vigueur particulière. Ils posent des écussons sur les jeunes plants, l'année qui suit celle du repiquage, puis ils forment la tige aux dépens de l'écusson. La végétation est si rapide, qu'ils gagnent quelquefois deux ans sur la formation de cette tige qu'on greffe ensuite en tête.

Lors du repiquage, on aura dû, si le sol est exposé à la sécheresse, le couvrir de paille ou de feuilles. Si le terrain

____

(1) Conservés pendant l'hiver dans un vase rempli de terre sèche avec laquelle il forment des couches alternantes.

est compacte, on remplacera les couvertures par plusieurs binages pratiqués pendant l'été. Lorsque les tiges ont atteint une hauteur et un diamètre convenables, on leur applique les soins nécessaires pour les disposer à recevoir la greffe. On arrête leur rameau terminal à 2ᵐ,30 d'élévation et l'on commence à couper, rez tronc, les ramifications latérales les plus grosses, à l'exception de celles du sommet.

Les sujets de poirier franc, destinés à former des arbres à haute tige, sont greffés en fente ou en couronne vers l'âge de six à sept ans à 2ᵐ,30 de hauteur environ. Si ces greffes ne réussissaient pas, au lieu de rabattre une seconde fois le sujet, on pose pendant l'été même des écussons à œil dormant sur trois ou quatre des rameaux qui se développent vers le sommet de sa tige tronquée.

Les individus destinés à former des arbres à basse tige ou en pyramide, sont greffés en pied à l'âge de deux ou trois ans, selon leur degré de vigueur. Les sujets de cognassier, de douçain et de paradis sont greffés en écusson, l'année même de leur repiquage, s'ils ont assez de vigueur ; sinon on retarde jusqu'à l'année suivante, mais on peut en outre leur appliquer les greffes en fente ou en couronne.

Le Poirier est le plus grand, le plus robuste, et le plus durable de nos arbres fruitiers, il y a peu d'espèces d'arbres qui aient produit un nombre de variétés aussi considérable, on en compte environ 2,000, qui se partagent en deux séries celles à fruits à cidre, celles à fruits de table.

Le poirier peut être greffé sur deux sortes de sujets : le poirier franc et le cognassier. Le choix est déterminé par la nature du sol, la forme à donner aux arbres et le degré de vigueur des variétés qu'on veut cultiver.

Le poirier se plaît surtout dans les sols argilo-calcaires ou argilo-siliceux.

Il y a deux sortes de taille appliquées à cet arbre : celle qui constitue sa charpente et celle qui le met à fruit. Nous n'avons à nous occuper que de la seconde.

Les rameaux à fruit du poirier résultent du développement des boutons à bois en bourgeons peu vigoureux. On cherche à obtenir une série continue de ces bourgeons sur toute la longueur des rameaux de prolongement des branches de la charpente. La première année, on raccourcira un peu ces rameaux, et, pour que les bourgeons qu'ils portent ne soient pas trop vigoureux, il faudra les pincer à leur extrémité. La seconde année, on casse la partie supérieure des rameaux issus de ces bourgeons, et la troisième année on verra naître sur leur trajet des bourgeons à fruit, ou, pour mieux dire, de petits rameaux à fruit, des lambourdes qu'il n'y aura plus qu'à entretenir.

Le dernier progrès de l'art a été imaginé par M. du Breuil. La taille en cordon oblique simple donne le maximum de fruits avec le moins de rameaux et de feuilles ; l'arbre est réduit à une seule branche qui sort de terre et qu'on oblige à se couvrir de lambourdes par les soins que nous venons de décrire. Les espaliers soumis à cette forme sont complétés dans l'espace de cinq ans.

Le Pommier commun a donné naissance à un nombre considérable de variétés qu'on augmente sans cesse au moyen des semis et qu'on multiplie ensuite par la greffe, lorsqu'elles présentent quelques qualités remarquables.

La culture du pommier ne diffère nullement de celle du poirier. Même terrain, exposition seulement un peu moins chaude, même taille et même végétation.

Le Cognassier exige un terrain profond, gras et frais, exposé au midi ; il se multiplie si lentement par ses pepins, qu'on a recours aux boutures et aux éclats. C'est pour cela sans doute, qu'on en a si peu de variétés.

C'est surtout pour recevoir la greffe de plusieurs variétés du poirier, qu'on cultive en grand le cognassier.

III. FRUITS A NOYAU.

Les arbres à fruits à noyau sont tous reproduits au moyen de la greffe. Étudions le mode de multiplication des sujets.

Les noyaux des divers sujets sont stratifiés et semés au printemps, à l'exception des amandes et des noyaux de pêcher, pour lesquels on attend que la radicule ait atteint, dans la terre où on les a mis en stratification, une longueur de 0^m,03 à 0^m,04. C'est seulement alors qu'on les enlève avec soin et qu'on les sème en ligne, en les plaçant à la distance de 0^m,50 environ.

Au bout d'un an de semis, tous les jeunes plants doivent être repiqués, excepté ceux qui seront greffés en pied et qui ne doivent être déplantés qu'après un an de greffe.

L'année même du repiquage, on greffe en écusson les sujets qui sont assez vigoureux.

Les sujets d'amandier, de pêcher, de merisier et de prunier qui devront former des arbres à haute tige recevront les soins nécessaires pour la formation de cette tige, et seront greffés en tête. On emploiera, suivant la grosseur de la tige, les greffes en écusson, en fente ou en couronne.

Le PÊCHER est très voisin de l'amandier, par ses caractères botaniques. La seule différence vraiment sensible est dans le péricarpe, qui est charnu dans la pêche et coriace dans l'amande. Le pêcher a donné, par les semis, plus de soixante variétés qui peuvent être réparties dans les quatre groupes suivants : *Pêches proprement dites, Pavies, Pêches lisses* et *Brugnons*.

Le pêcher s'accommode de tous les climats de la France, pourvu qu'on choisisse, pour chaque région, les variétés qui peuvent s'y développer, et qu'on donne à leur culture les soins qu'elles réclament. Ainsi, on devra cultiver des variétés d'autant plus précoces qu'on se rapprochera davantage du Nord.

Le pêcher exige un sol profond, de consistance moyenne, et surtout contenant une certaine proportion de calcaire. Dans les sols très-légers et exposés à la sécheresse, sa végétation est languissante, ses fruits restent petits et deviennent amers. Dans les terrains compactes, humides, les arbres poussent d'abord assez vigoureusement, mais ils sont bientôt atteints de la maladie de la gomme, qui les ruine complétement. Cet accident est moins à craindre sous le ciel du Midi que dans le Nord. Sous ce dernier climat, on peut diminuer les chances fâcheuses en greffant le pêcher sur le prunier, car les racines de cet arbre pivotent moins que celles de l'amandier. Ce qu'il faut surtout éviter, c'est la trop grande humidité du sol.

Le pêcher peut être greffé sur plusieurs sortes de sujets : L'amandier, le pêcher, certaines espèces de pruniers, et le ragominier. Le choix à faire est déterminé surtout par la nature du sol. L'amandier est le sujet le plus vigoureux ; on le préfère pour tous les terrains assez profonds et exempts d'humidité. Les autres sujets donnent des arbres moins vigoureux, mais leurs racines pivotent beaucoup moins ; ils conviennent mieux aux terres compactes à sous-sol humide.

Les rameaux à fruit naissent sur le pêcher en espalier de chaque côté de toutes les branches de la charpente, à 10 centimètres environ les uns des autres. Nous prendrons comme exemple de la taille à pratiquer le prolongement quelconque d'une de ces branches développé pendant l'été précédent.

On supprime lors de la taille d'hiver le tiers environ de sa longueur, afin de faire développer tous les boutons qu'il porte; vers le milieu de mai, les boutons se sont développés en bourgeons. Dès qu'ils ont atteint une longueur de 0,06, on supprime tous ceux qui sont surabondants et qui produiraient de la confusion. Les bourgeons conservés ne doivent pas être abandonnés à eux-mêmes; ils deviendraient trop vigoureux au détriment du bourgeon terminal qui doit conserver sa prééminence; de plus, ils n'offriraient pas ou presque pas de boutons à fleurs. On les pince dès qu'ils ont atteint 25 à 30 centim. Ce sera le travail de la première année.

La seconde année, les rameaux à fruits sont développés. Ils portent des fleurs qui ne tarderont pas à s'épanouir. On les taille de manière à conserver un certain nombre de fruits et à laisser développer de nouveaux bourgeons à bois pour la fructification de l'année suivante (nous savons que dans le pêcher chaque rameau ne fructifie qu'une fois). Les rameaux stériles ou trop faibles sont rabattus à quelque distance de la branche; on tord les rameaux gourmands et on les taille au-dessus du point où ils ont été tordus pour resserrer leur ardeur.

La troisième année, le rameau à fruit primitif est coupé à quelque distance de la branche; sa base, destinée à porter constamment les rameaux à fruits, prend le nom de **branche coursonne**. On choisit sur son côté les nouveaux rameaux à fruits et on les traite comme la branche coursonne l'a été d'abord pour fructifier. On doit aussi garder en avant un rameau destiné à fournir le remplacement. On le coupera immédiatement au-dessus des deux nouveaux boutons à bois les plus rapprochés de la base, lesquels fourniront pour l'année suivante deux nouveaux rameaux de remplacement. C'est ce qu'on appelle la taille en crochet.

Les pêchers peuvent aussi être soumis avec un grand avantage à la taille en cordon simple oblique.

Les pêchers en plein vent sont généralement abandonnés à eux-mêmes dès que leur tête est formée.

Le PRUNIER est plus robuste que le pêcher, il se passe de l'espalier et de la taille. Cependant sa floraison précoce doit faire craindre pour lui les gelées tardives; aussi ne peut-il être utilement cultivé sur de grandes surfaces que dans la région de la vigne. Au nord de cette limite, on n'obtient une fructification un peu abondante que dans les endroits parfaitement abrités. Dans tous les cas, il faut planter cet arbre sur le penchant des coteaux exposés du sud-est au sud-ouest.

Les terrains les plus favorables sont les sols argilo-calcaires un peu frais. Les racines, peu pivotantes, n'exigent pas une couche fertile d'une grande profondeur. Les terres siliceuses ne paraissent pas convenir au prunier; il craint également l'humidité surabondante du sol et les lieux ombragés.

Nos meilleures variétés de prunes appartiennent toutes à une seule espèce botanique. On les partage en deux groupes : les pruniers à fruits mangés frais et les pruniers à fruits à pruneaux.

On greffe les pruniers en écusson, en fente ou en couronne sur des sujets obtenus de semis.

On peut, par une taille qui retient la trop grande ardeur des bourgeons à bois, provoquer une fructification plus abondante que celle qu'on obtient d'un arbre livré à lui-même : mais il y a de grandes difficultés pratiques dans cette opération : comme la floraison est des plus précoces, les récoltes sont très souvent détruites par les froids tardifs et par les intempéries du printemps.

L'ABRICOTIER peut être greffé sur le prunier, sur l'amandier et sur l'abricotier franc. On n'a pas l'habitude de le tailler. Cependant on peut par des retranchements opérés à propos l'empêcher de trop s'étendre et le mettre abondamment à fruits.

IV. FRUITS A ENVELOPPE.

L'AMANDIER demande une bonne exposition. Il aime les terres, fraîches profondes et substantielles. On peut le mettre en espalier ou l'abandonner en plein vent. On le multiplie de semis et par la greffe sur le prunier ou sur lui-même.

On ne cultive comme arbre fruitier que l'amandier commun ; mais cette espèce a produit un certain nombre de variétés qu'on partage en deux groupes : les amandiers *à fruits doux* et ceux *à fruits amers*.

On devra préférer les variétés dont la floraison est le moins souvent compromise par les gelées blanches du printemps.

Le NOYER craint les hivers très rigoureux et les gelées tardives qui détruisent ses fleurs et ses jeunes bourgeons. C'est particulièrement dans le centre et le midi de la France que sa culture s'est répandue; il paraît préférer les expositions de l'ouest et du nord-ouest.

Le noyer est peu difficile sur la nature du sol. Il se développe dans les terrains secs et légers, dans les roches fendillées où ses racines pénètrent ; mais il préfère une terre profonde, de consistance moyenne, un peu calcaire et inclinée. Dans le premier cas, son développement est plus lent ; mais ses fruits sont plus riches en huile et son bois est de meilleure qualité. Il a une antipathie prononcée pour les sols argileux, humides, et pour les terrains siliceux.

On multiplie le noyer au moyen des semis et de la greffe.

Le Noisetier vient très bien en buisson, il s'élève plus difficilement quand il est isolé. Un terrain gras, frais et pierreux lui convient beaucoup.

Le Chataignier demande une terre fraîche, profonde et granitique : c'est là qu'il pousse plus vite et qu'il monte haut. On l'élève de semis, ou bien on greffe en flûte le marronnier ou le châtaignier à gros fruits sur le châtaignier commun.

V. FRUITS EN BAIE.

Le Figuier veut un terrain sablonneux, pierreux et substantiel; bien exposé au midi, défendu du nord, du nord-est et du nord-ouest.

Dans les hivers rigoureux il périrait s'il n'était pas empaillé avec soin, ou couché dans le sable et recouvert jusqu'au mois d'avril. Le figuier ne doit pas être taillé ; il faut se borner à enlever son bois sec et à le diriger en racourcissant les jets trop vigoureux. On le greffe en flûte quand on n'est pas satisfait de la variété qu'on possède.

La Vigne est cultivée dans les champs et dans les jardins, suivant les régions agricoles et selon qu'on se propose de faire du vin ou de récolter des raisins de table.

La culture en grand de la vigne a été l'objet d'un article spécial dans le *Traité d'Agriculture* de la Bibliothèque Philippart. Nous n'avons donc plus à nous occuper ici que des procédés horticoles employés pour l'amélioration du fruit.

On plante un grand nombre de variétés différentes de vignes. Voici les meilleures pour le verger ou pour l'espalier :

Le *Morillon, gros* ou *petit*, du Doubs et du Jura, précoce; très-bon, sucré, peau noire.

Le *Chasselas de Fontainebleau*, blanc ou ambré, excellent; gros, tendre, eau délicieuse. C'est la meilleure variété qu'on puisse cultiver dans le nord de la France, et même dans une grande partie du centre et de l'ouest.

Le *Muscat blanc de Frontignan*, très-sucré, très-délicat; grosse grappe, grains très-serrés, exposés à pourrir dans les années humides.

Le *Chasselas noir*, très-sucré, très-bon.

Le *Caillebas des Hautes-Pyrénées*, que Bosc regarde « comme le meilleur, lorsqu'il est pris à point, de tous les raisins cultivés a la pépinière du Luxembourg. »

Le *Corinthe blanc* sucré, sans pepins.

Le *Verjus*, violet rouge ou jaune. Grosse grappe, bon raisin, mais qui mûrit difficilement ; on l'emploie surtout avant la maturité, pour faire le verjus.

Il faut à la vigne un sol sec, uné bonne exposition au sud, et à l'abri des vents froids. Une terre pierreuse, mélangée de sable, de marne et de terre franchie est celle qui convient le mieux, sinon pour la végétation de la vigne, du moins pour la qualité du raisin. Dans les pays froids de la France, on ne peut la cultiver qu'en treille, en cordon ou en espalier le long des murs.

Il est essentiel de tailler, dès le mois de février, afin que les plaies des sarments causées par la serpette, puissent se cicatriser avant l'époque où la séve circule en abondance.

Les pratiques si variées et si nombreuses de la viticulture peuvent se réduire à deux préceptes. Enraciner fortement le cep et tailler aussi court que possible.

La vigne ne donne de fruits que sur les rameaux herbacés qui sortent au printemps des bourgeons développés sur les sarments de l'année précédente. Les sarments sont rabattus à deux ou trois yeux, puis supprimés les années suivantes, afin de tenir courts les chicots ou *coursons* qu'on rabat sur l'œil le plus proche. Indépendamment de cette taille qui s'opère en février, on rabat, dès que le fruit est formé, les jeunes pousses ou sarments qui s'enchevêtreraient et dont la vigueur nuirait au développement de la grappe.

On enlève même les sarments sans fruits, et, lorsque les grappes sont parvenues aux deux tiers de leur accroissement, on coupe de nouveau les petites pousses inutiles qui se sont développées depuis la floraison.

On multiplie la vigne par boutures ou par marcottes enracinées. Comme cette plante a besoin d'étendre au loin ses rameaux pour nourrir le bois qu'on lui laisse, quand on la cultive en espalier, il faut défoncer le sol où on l'établit, l'ameublir par un bon mélange, et même s'arranger de manière à pouvoir planter à un ou deux mètres et plus du mur où l'on doit palisser. Quand la vigne est pourvue d'un bois assez long pour pouvoir être couchée jusqu'au mur, on la couche dans une rigole où on l'enfonce de 0^m,15 à 0^m,30, on couvre de terre légère, un peu amendée, mêlée de gravier et de plâtre. Dans cet état, toute la partie enterrée ne tarde pas à former des racines qui, ajoutées aux premières, nourrissent abondamment la plante.

L'exposition la plus favorable à la vigne est celle du sud, du sud-est, ou au moins de l'est. Quand on n'a pas de murs à sa disposition ou qu'on en a trop peu pour y placer assez de vigne, on cultive en treilles qu'on élève d'autant moins que le climat est plus froid.

Maladie de la vigne. — Plusieurs insectes vivent aux dépens de la vigne et l'affaiblissent de manière à devenir un véritable danger pour la plantation ; mais aucun accident n'est plus à redouter que l'invasion du fléau, connu de tout le monde sous le nom de maladie de la vigne.

Cette altération se montre sous forme d'une efflorescence d'un blanc grisâtre, d'abord sur les feuilles et les jeunes bourgeons, dont elle arrête le développement, puis sur les grappes elles-mêmes, dont elle empêche l'accroissement. L'épiderme des grains se durcit, prend une teinte fauve. Ces

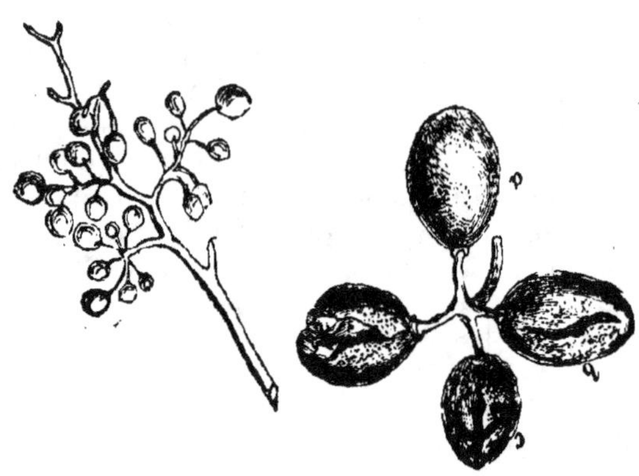

grains se fendent, prennent une saveur amère et pourrissent avant de mûrir. Les feuilles et les bourgeons attaqués se couvrent de taches brunes, les feuilles se détachent, et, si la maladie est intense, les bourgeons eux-mêmes sont désorganisés jusqu'à leur base; de sorte qu'on perd non-seulement la récolte de l'année, mais celle de l'année suivante. Si la maladie persiste pendant deux ou trois années de suite, les ceps eux-mêmes périssent bientôt.

C'est en 1845 que la maladie de la vigne a été observée, pour la première fois, en Angleterre, par M. Tucker. Depuis 1849, elle a commencé à envahir les vignobles de France; elle les a successivement presque tous dévastés. Elle paraît attaquer indifféremment toutes les variétés de cépages.

On est à peu près d'accord sur la cause de cette maladie : elle consiste dans le développement de cette efflorescence blanchâtre reconnue pour être un petit champignon parasite du genre *oïdium*, que notre gravure représente vu au microscope. Depuis sa première apparition en France, on a

cherché à la combattre par différents moyens : le soufrage imaginé par M. Charmeux a seul donné des résultats satisfaisants. Voici comment doit se pratiquer cette opération :

Le soufre doit être uniformément répandu sur toutes les parties vertes de la plante, bourgeons, feuilles et grappes. M. Charmeux a constaté que le soufre agit d'autant plus sûrement, qu'il est appliqué au premier début de la maladie, et même avant son apparition. Aussi convient-il de pratiquer un premier soufrage avant la floraison, un second lorsque les raisins commencent à se former en grains, un troisième lorsqu'ils ont atteint les deux tiers de leur grosseur. On est rarement obligé de faire un quatrième soufrage. L'opération est d'autant plus efficace qu'on la pratique pendant les grandes chaleurs du jour. C'est la fleur de soufre qu'il convient d'employer et non pas du soufre pulvérisé. On se sert, pour répandre le soufre, d'un soufflet particulier qui permet de projeter la poussière exactement sur les parties qui sont le plus attaquées de la maladie.

La quantité de fleur de soufre à employer par hectare est de 15 kil. pour le premier soufrage, et de 50 kil. pour chacun des deux autres.

Primeurs. Pour faire les primeurs de la vigne et des autres arbres en espalier, on emploie un moyen fort simple : on choisit une bonne exposition, et, devant l'espalier que l'on veut chauffer, on creuse à $0^m,60$ ou $0^m,70$ du mur, ou plutôt des tiges, une fosse de $0^m,50$ à 0^m65, moins profonde si l'on trouve des racines, et large de $1^m,00$. On y établit une couche de fumier chaud qu'on élève de $0^m,80$. Sur cette couche, on pose des panneaux qu'on appuie sur la muraille, et l'on bouche les côtés de cette espèce de serre avec un lambris en planches. Avec du plâtre ou de la mousse, on scelle scrupuleusement tous les joints, de manière que l'air du dehors ne puisse pas pénétrer à l'intérieur. On dispose un petit fourneau sur l'un des bouts avec des tuyaux de terre qui parcourent l'intérieur d'un bout à l'autre. On donne à l'espalier les soins ordinaires aux arbres qu'on force. Quand la récolte est faite, on enlève la couche et les panneaux et on laisse reposer les arbres pendant deux ans avant de les chauffer de nouveau.

VI. SUR QUELQUES OPÉRATIONS DE L'ARBORICULTURE.

Nous avons donné les préceptes généraux de la taille, et, en parlant de chaque arbre fruitier. nous avons indiqué les règles particulières à suivre pour le mettre abondammment à fruit. Il nous reste à parler de certaines opérations qui concourent, avec la taille, à assurer les récoltes.

L'ÉBOURGEONNEMENT s'exerce en supprimant, à la serpette, tous les bourgeons et toutes les jeunes pousses qui sont trop mal placés pour pouvoir être employés. Pour les arbres à noyau, on étend l'ébourgeonnement jusque sur les branches à fruits, quelque temps après la floraison. On coupe alors tous les bourgeons à bois qui n'auront pas de fruits à nourrir, et même, quand les fleurs ont coulé, on rabat les bourgeons jusqu'au-dessus de leur deuxième œil, d'où partiront les branches de remplacement. Les pousses, enlevées très jeunes, tant qu'elles sont encore de nature herbacée, se suppriment sans danger pour l'arbre, tandis qu'il suit de l'amputation une véritable plaie, lorsque ces pousses sont devenues ligneuses. Il est à propos, lors de l'ébourgeonnement, de donner aux bourgeons conservés la direction qu'ils devront avoir quand on les palissera. C'est au moment de cette opération qu'on doit procéder au retranchement des fruits mal faits et trop nombreux.

Dans le PALISSAGE, on met en place les bourgeons conservés, on complète l'ébourgeonnement, on découvre suffisamment les fruits pour qu'ils jouissent des bienfaits de la lumière, du soleil et de la chaleur : cette opération qui est, à proprement parler, la seconde taille de l'année, prépare et facilite la taille du printemps suivant. Le palissage ne doit être effectué qu'au moment où les fruits sont assez forts pour n'avoir pas à craindre l'ardeur du soleil, et où les rameaux à dresser ont assez de consistance et de longueur pour être attachés. L'époque convenable pour ce travail, varie selon l'espèce d'arbre. Il convient de choisir, en général, le moment où la première séve a suspendu sa marche et où la séve d'août n'est pas encore en mouvement. En dressant les jeunes rameaux, on évitera de les croiser, on les distribuera à des distances à peu près égales. Pour assujettir les bourgeons, on emploie le jonc, des loques ou lanières de toile et de drap, et l'on ne serre que le moins possible, pour ne pas effleurer les écorces et pour ne pas gêner la circulation de la séve.

Le CASSEMENT consiste à rompre sur trois ou quatre yeux les brindilles qu'on veut mettre à fruit et qui sont naturellement disposées à la fructification, mais qui ne s'y mettent pas parce que la surabondance de la séve leur fait pousser du bois. C'est une opération délicate, parce qu'on risque de faire naître des bourgeons au lieu de lambourdes ; elle ne peut d'ailleurs se pratiquer ni sur le pêcher ni sur l'abricotier, à cause de la gomme qui s'épancherait. Le **cassement** s'opère à l'époque de la taille, à moins qu'il ne devienne nécessaire d'y recourir plus tard , pendant la végétation.

L'incision annulaire a pour but d'affaiblir les rameaux et de les mettre à fruit beaucoup plus qu'ils n'y sont disposés par la nature. Cette incision consiste dans l'enlèvement circulaire d'une bande d'écorce sur une branche au moment où les fleurs vont éclore. Elle ne doit se faire que sur des rameaux qu'on supprimera au printemps suivant. On ne peut guère l'employer que pour la vigne : l'incision se fait entre la grappe et le vieux bois, au-dessus du quatrième œil.

L'arcure s'opère en courbant en arc une branche trop vigoureuse, on ralentit ainsi le mouvement de la séve et on la dispose en l'affaiblissant à donner plus tôt des fruits, et à s'emporter moins fortement en pousses stériles.

Le pincement est l'enlèvement avec l'ongle ou avec la serpette de la pointe d'un bourgeon herbacé. Ce retranchement, qui peut se faire pendant toute la durée de la séve, suspend l'allongement de l'œil terminal, et force la production des lambourdes et des branches à fruits.

VII. SOINS A DONNER AUX ARBRES FRUITIERS PENDANT L'HIVER.

Les gelées tardives du printemps altèrent les fleurs et les rendent stériles. Le sol, encore pénétré au printemps des froids de l'hiver, conserve une température plus basse que celle des couches d'air en contact avec lui ; sous cette influence l'humidité contenue dans le sol s'élève dans l'air sous forme de vapeurs qui retombent en eau et se condensent sur les rameaux pendant les nuits sereines et tranquilles ; enfin, par le rayonnement, les plantes acquièrent une température qui congèle la rosée à l'état de gelée blanche. C'est là un danger sérieux pour les récoltes encore renfermées dans les boutons délicats des fleurs. Les pluies glaciales, les brusques changements de température, produisent des effets non moins désastreux contre lesquels il faut absolument se prémunir.

Il n'y a qu'une chose à faire : c'est d'abriter les arbres ; mais il y a plusieurs moyens de remplir cette indication. On a conseillé, pour préserver les vignobles de la gelée blanche, de produire un nuage artificiel de fumée qui s'oppose au rayonnement nocturne. M. Boussingault a même recommandé l'emploi de la naphtaline, substance blanche, solide, cristalline, comparable à la cire, et dont on ne sait que faire, précisément parce qu'elle fume trop quand elle brûle. Ces moyens sont, en effet, les seuls à mettre en usage dans les grandes exploitations; mais on ne saurait y recourir dans les jardins qui entourent une maison d'habitation. Il est plus simple, pour les arbres en espalier, d'en revenir au procédé imaginé par Girardot, le créateur de l'industrie si florissante des pêches de Montreuil.

Ce procédé préserve à la fois des gelées tardives, des pluies glaciales et des giboulées. Rien de plus simple et de plus ingénieux. On fait sceller dans le mur, à 1 m. 50 de distance l'un de l'autre, des crochets en bois qui soutiennent une tringle parallèle au mur. Sur cette petite charpente, on étend des paillassons au moment où les arbres en espaliers les plus délicats, les pêchers, par exemple, commencent à végéter, et on les y laisse jusqu'à la fin du mois de mai, moment où les fruits sont bien noués. Craint-on que la pluie ou la grêle ne *fouette* encore contre le mur? on attache à la tringle de bois qui court le long du mur une toile grossière qui se tend devant l'espalier et qui descend jusqu'à une hauteur de 60 à 70 centimètres du sol. Elle se fixe sur une tringle de bois, à une distance de 1 m. à 1 m. 25 cent. du pied du mur. On fabrique depuis quelque temps des toiles grossières destinées à cet usage ; elles consistent en une sorte de canevas grossièrement tissé, très clair, mais bien suffisant, qui coûte cinquante centimes le mètre.

Il est bon, avant de faire usage de cette toile, de la plonger dans de l'huile de lin ; elle durera beaucoup plus longtemps. La légèreté du tissu permet à l'air et à la lumière de circuler à travers la toile et n'entrave en rien la végétation des arbres qu'elle protége.

Quant aux abris en paillassons qui surmontent cette espèce de tente, ils doivent avoir, pour les murs exposés à l'ouest, de 55 à 60 centimètres de largeur ; ils peuvent n'avoir que 40 à 45 centimètres pour les murs exposés à l'est.

Les arbres en plein vent sont plus difficiles à abriter ; souvent même ils sont trop élevés pour qu'on puisse y songer. On fera bien alors, s'il n'y a pas d'inconvénient, de recourir aux nuages artificiels de fumée. Quelquefois cependant les arbres en plein vent sont de forme assez régulière et assez peu élevée pour qu'on puisse les abriter à peu près aussi bien que les espaliers.

Le procédé le plus simple et le plus pratique est d'envelopper la tête de l'arbre dans une grande pièce de toile canevas. Les arbres taillés en vases, en gobelets, se couvrent facilement par ce procédé très-simple, mais il n'en est pas de même des arbres en cône, en quenouille, en pyramide. Quand ces arbres ne sont pas très-élevés ou très-développés, on peut cependant encore les abriter.

On met au-dessus de leur flèche un cerceau retenu par quatre pieux bien enfoncés en terre. On fait avec la toile canevas une espèce de grand sac qu'on met sur le cerceau et qui enveloppe l'arbre en retombant sur les pieux, qui l'empêchent, en cas de vent, de venir frapper les fleurs. Pour les arbres à pepins, il suffit presque toujours de placer sur le cerceau une couverture de paille ou de papier goudronné.

Un autre moyen, plus compliqué consiste à fixer autour de la tige de l'arbre des poignées de pailles longues et à attacher l'extrémité de ces pailles au bout de chacune des branches latérales qu'on rencontre en les inclinant suivant un angle de 30 degrés. Il faut distribuer les poignées de paille sur toute la tige, du sommet à la base. C'est un travail long et difficile, qui expose souvent au danger de casser des boutons à fruit, et que le vent d'ailleurs vient souvent déranger.

VIII. ARBRES DES JARDINS PAYSAGERS.

Les jardins paysagers sont revenus en faveur : on se souvient maintenant qu'ils ont été inventés en France. Devons-nous consacrer un article aux arbres, aux arbustes, aux végétaux si nombreux qui les décorent? Ce serait notre désir, mais l'exiguïté de notre cadre nous oblige à sacrifier un peu l'agréable à l'utile. Nous nous contenterons d'énumérer quelques-unes des principales plantes qui leur sont destinées.

Les ARBRES de PREMIÈRE GRANDEUR qu'on préfère généralement sont :

L'*acacia*, qui doit être abrité du nord.

L'*aune* très vigoureux croissant dans les lieux humides.

L'*aylanthe glanduleux* ou *vernis du Japon*, devenu précieux par l'étude qu'a faite M. Guérin-Menneville d'une espèce de vers à soie qui s'élève en plein air sur ses feuilles.

Le *bouleau*, principalement le *bouleau pleureur*.

Le *cerisier à fleurs doubles*.

Le *charme*, propre à faire des haies, des salles de verdure et des bosquets.

Le *chêne*, l'arbre le plus robuste de nos contrées.

Le *sorbier* à beaux fruits rouges ou jaune rougeâtre.

L'*érable*, qui compte de nombreuses espèces et entre autres celle dont on extrait du sucre aux Etats-Unis.

Le *frêne*, trop sensible aux gelées.

Le *hêtre* (hêtre pleureur, hêtre à feuilles panachées, etc.).

Le *magnolier à grandes fleurs*, qu'il faut abriter des vents du nord et de ceux de l'ouest.

Le *marronnier d'Inde* et sa variété à fleurs rouges.

Le *peuplier* (peuplier tremble, P. d'Italie, etc.).

Le *saule*, propre à ombrager le bord des eaux.

Le *sureau* à grappe ou à ombelles.

Le *tilleul*, qui forme des allées ou des galeries.

Le *tulipier de Virginie*, qui s'élève à plus de 30 mètres.

Les PRINCIPAUX ARBRES de SECONDE GRANDEUR sont :

L'*arbre de Judée*, qui donne au printemps des fleurs roses précédant les feuilles.

L'*aubépine* ou *épine blanche*, qu'on emploie surtout en clôtures, qu'on rend très solides et très épaisses par la taille répétée deux fois dans l'année.

Le *fusain*, plus remarquable par ses fruits que par ses fleurs.

Le *laurier* et le *grenadier*, arbustes d'orangerie.

L'*oranger*, dont nous ne devrions parler que pour mémoire, puisqu'on ne peut le cultiver en plaine sous nos climats.

Les orangers craignent le froid et l'humidité. Ils n'exigent cependant pas la serre; il suffit de les rentrer à l'abri de la gelée, dans un lieu sec, aéré, exposé à la lumière et au soleil, depuis le 15 octobre jusqu'à la mi-mai. On ne fera de feu dans l'orangerie que lorsque le thermomètre marquera un degré au-dessous de zéro.

Ces arbres se multiplient par pepin et par la greffe sur citronnier. La terre la plus convenable est un mélange de terre franche légère et de terreau gras et bien consommé.

Au commencement de mars, on sème les pepins dans de petits pots qu'on met sous cloche sur une couche chaude. Aussitôt que ces pepins sont levés, on donne par degrés, un peu d'air, on arrose bien, et vers le mois de juin on accoutume le jeune plant au plein air. A la fin d'août, on enlève ces plants pour les isoler dans de nouveaux pots où on les transplante avec le plus de motte qu'il est possible. Il faut les mettre sous châssis ou sous cloches pendant quelques jours pour faciliter leur reprise.

Ces pots seront rentrés dans l'orangerie vers la première quinzaine d'octobre, un peu plus tôt ou un peu plus tard, selon la température de la saison.

Les jeunes orangers seront transplantés dans des caisses aussitôt qu'ils seront assez grands, au bout de quelques années.

Les soins dans l'orangerie se bornent à donner de l'air tant qu'il n'est ni froid ni humide, à arroser peu et rarement, à sarcler et à détruire les insectes.

Lorsqu'on fait sortir les plantes pour les exposer en plein air, il faut les y avoir accoutumées par degrés et ne pas leur faire supporter tout à coup l'ardeur du soleil.

La meilleure greffe pour ces arbres est l'écusson à œil dormant.

La taille, qui doit être fort modérée, se fera après la récolte des fleurs, et de manière à n'enlever que le bois mort et à rabattre les branches qui empêcheraient l'arbre de former une tête agréable.

Les ARBRES VERTS, qui produisent le plus bel effet dans un jardin paysager, sont :

Le *cyprès pyramidal*, qu'on accuse peut-être à tort d'être vénéneux.

Le *genévrier* au feuillage vert tendre et argenté, qui prospère surtout dans les terrains pierreux.

Le *houx*, moins difficile sur le choix du terrain.

L'*if*, toujours vert, qu'on taillait autrefois en vases, en gobelets.

Le *mélèse*, et principalement sa gigantesque variété, le cèdre du Liban.

Le *pin*, dont on connaît maintenant une foule de variétés,

Le *sapin*, dont on cultive de très-belles espèces.

PLANTES A FLEURS D'ORNEMENT.

Nous parlerons de l'époque du semis et de la plantation des fleurs dans notre dernier chapitre, le *Calendrier de l'horticulteur;* il nous suffira de dire ici que les fleurs sont d'autant plus belles, plus éclatantes, que le terrain où elles croissent est moins gras et compacte. Elles se conservent mieux quand on peut, pendant leur épanouissement, les mettre à l'abri des pluies et des coups de soleil. Les graines lèvent mieux dans une terre légère, sur couche, ou sous châssis, que partout ailleurs.

La nomenclature de toutes les plantes d'agrément occuperait un grand nombre de pages ; nous nous bornerons aux plus remarquables, et à celles dont la culture exige quelques instructions particulières.

Les ARBUSTES des jardins nous fourniraient une trop longue liste, nous nous contenterons de citer :

Les *lilas*, les *chèvrefeuilles*, les *rhododendrons*, les *pivoines en arbre*, le *syringa*, le *yucca*, la *clématite*, le *jasmin*, la *glycine* et la *vigne vierge*.

Les *rosiers* ont déjà donné à l'horticulture plusieurs centaines de variétés dont le nombre s'accroîtra encore par les semis. On les multiplie par rejetons et par greffe en écusson. Les terres qui leur conviennent le mieux sont celles qui sont légères, substantielles, profondes et fraîches sans humidité. Les variétés du rosier ont été classées par Lindley en douze tribus dont voici les noms : 1° rosiers à fleurs de cistes ; 2° rosiers féroces (épineux) ; 3° rosiers bractéolés ; 4° rosiers cannelles ; 5° rosiers pimprenelles ; 6° rosiers à cent feuilles ; 7° rosiers velus ; 8° rosiers rouillés ; 9° rosiers églantiers ; 10° rosiers indiens ; 11° rosiers à styles soudés, et 12° rosiers de bancks.

Le *camellia* exige l'orangerie. Il forme un buisson élégant et se couvre depuis la fin de février jusqu'au mois de mai de fleurs éclatantes. On lui donne une terre légère. On le propage de semis, de marcottes qui emploient deux ans à faire leurs racines et de boutures qu'on pique sous châssis.

I. PLANTES A SIMPLES RACINES.

On les distingue en plantes vivaces, annuelles ou bisannuelles.

Les PLANTES VIVACES les plus remarquables sont les *achillées*, l'*aconit*, l'*ancolie*, les *asters*, la *digitale*, le *muflier*, la *violette*, les *primevères*, les *géraniums*, etc.

Le *réséda* annuel, en pleine terre est vivace dans l'orangerie.

L'*œillet* a donné de très nombreuses variétés. C'est une plante robuste, facile à cultiver et dont il faut seulement préserver les fleurs du grand soleil et de la pluie. La terre qui convient à l'œillet est un mélange de terre franche et de terreau : quant aux semis que l'on fait pour obtenir de nouvelles combinaisons de couleurs, il faut les jeter sur cette même terre ameublie d'un peu de sable ou de terre de bruyère et n'y mettre, au printemps, que des graines obtenues sur des œillets doubles où dominent de belles couleurs nettement déterminées. Les œillets se propagent aussi par les boutures et par les marcottes. Il existe plusieurs variétés qui ne sont pas propres à être marcottées, on les multiplie de graines ; tels sont : l'*œilletin* ou *œillet mignardise*, l'*œillet de poëte*, l'*œillet d'Espagne* et l'*œillet de la Chine*.

Les *dahlias* sont cultivés dans tous les jardins. On met leurs tubercules en terre au mois d'avril : on les retire au mois d'octobre ; on les fait sécher un peu à l'air et on les conserve à l'abri de la gelée. Cette plante se multiplie facilement d'éclats, de boutures prises sur ses nouveaux jets, de greffe et de graines.

Les PLANTES BISANNUELLES OU TRISANNUELLES, généralement préférées, sont : la *scabieuse*; les *roses trémières* et la *giroflée*. Ces belles plantes sont exposées à périr pendant les hivers rigoureux ; il est à propos de les abriter des grands froids et de les mettre en pots pour l'orangerie.

Les PLANTES ANNUELLES les plus remarquables sont : la *balsamine*, la *belle-de-nuit*, les *capucines*, les *centaurées*, les *chrysanthèmes*, la *giroflée quarantaine*, le *haricot d'Espagne*, le *pavot*, les *liserons*, le *soleil* à grandes fleurs, le *souci*, la *stramoine*, la *violette tricolore* ou *pensée*.

II. PLANTES BULBEUSES ET A OIGNONS.

Les plantes bulbeuses ont une végétation toute spéciale qui nécessite des soins particuliers.

En première ligne vient l'*anémone*, remarquable par ses fleurs aux teintes variées. Pour obtenir des variétés curieuses on sème en mars ou avril les graines de celles des anémones simple dont les fleurs sont à la fois amples et de riche couleur ; on abrite avec un peu de mousse pour maintenir l'humidité des arrosages qui ne doivent pas être fréquents. Ce n'est guère qu'au bout de deux mois qu'on voit lever les jeunes plantes; il faut sarcler souvent. On déplante à la fin de juin, après un an environ de végétation. On sèche les bulbes au grand air pour leur donner en octobre ou en avril une nouvelle terre.

Les *renoncules* se cultivent comme les anémones.

La *jacinthe* réunit la beauté, la précocité et le parfum au mérite de pouvoir être cultivée en pleine terre. Les variétés sont en grand nombre et offrent des fleurs bleues, bleu de ciel, roses, blanches et jaunes.

A la fin de septembre, on plante les jacinthes en planche, à dix centimètres de distance. Pour écarter les limaces on répand de la suie en poudre et des écailles d'huîtres concassées. Si l'hiver est rigoureux, on couvre avec de la paille. On obtient des variétés par les semis comme pour toutes les autres fleurs, mais on propage plus facilement celles qu'on possède, au moyen des caïeux, qu'on sépare des oignons en les tirant de terre, quand les fleurs et les feuilles sont entièrement desséchées.

Le *lis* donne une belle fleur parfumée et n'a pas besoin d'être déplacé comme plusieurs autres oignons.

La *tulipe* est encore moins délicate que la jacinthe ; on la met en terre au commencement d'octobre et on la couvre de litière pendant les grands froids. On multiplie de caïeux.

Le *colchique d'automne*, les *crocus* ou safrans, le *cyclamen*, la *fritillaire* ou couronne impériale, le *glaïeul*, les *iris*, les *narcisses*, les *scilles*, exigent à peu près les mêmes soins de culture que nous venons d'indiquer.

POTAGER.

I. GRAINES LÉGUMINEUSES.

Fèves. Cette plante est robuste et se plaît surtout dans les terres compactes bien fumées, on peut la cultiver à l'ombre. Dans les hivers cléments on sème en décembre ou en janvier pour avoir des gousses en mai ou en juin. Ordinairement on ne sème qu'en février ou en mars. Si le sol est léger, on le piétine après le semis pour affermir les racines. Dans un terrain frais on peut, en coupant les tiges, en juin, obtenir une seconde récolte. Il est utile de pincer l'extrémité des tiges avant leur floraison complète pour assurer la fructification ; à ce moment on bine et l'on rechausse.

Haricots. On en distingue deux espèces : les haricots nains et les haricots grimpants. On en connaît un grand nombre de variétés.

Les gelées tardives du printemps et les froids précoces de l'automne bornent la culture des haricots à une période de six mois. Il faut préférer les terrains qui sont plutôt secs qu'humides, légers que compactes, pourvu qu'ils ne soient ni arides ni épuisés ; il n'est pas nécessaire de fumer.

On sème à la mi-avril et même au mois de mai. La méthode de semer par pincée dans chaque trou emploie beaucoup de semence et est nuisible au développement des jeunes tiges qui s'échauffent et s'étouffent. Il vaut mieux semer à $0^m,14$ ou $0^m,15$ de distance dans des rayons espacés de $0^m,5$. Lorsque les pluies ont battu le sol et que la surface est durcie le germe des haricots, naturellement faible et délicat, éprouve de grandes difficultés à sortir de terre ; il est indispensable d'arroser le matin, ou même, avec un petit râteau, de rendre friable la croûte qui s'est formée. Dès que le jeune plant à acquis 0,8, il faut biner et rechausser.

Le Pois est plus vigoureux que le haricot. Il peut être mis en terre dès la fin de l'automne ou de l'hiver : tous les terrains lui conviennent. C'est une de nos plus délicieuses primeurs. Les pois secs prennent une saveur très-agréable si, avant de les faire cuire, on les fait germer dans l'eau afin de développer leur principe sucré, comme on en use pour les grains destinés à la fabrication de la bière.

On divise généralement les pois en deux espèces : les pois à cosses et les pois sans parchemin. Les meilleurs pois à écosser sont le pois *nain hâtif*, le pois *Michaux* et le pois de *Clamart* un peu tardif; le pois *chiche* n'est bon que sec.

Si l'on manque de rames, ou si l'on tient plus à la précocité et à la beauté des produits qu'à leur abondance, on pince les jeunes pieds de pois au-dessus de leur troisième fleur ou même de leur quatrième, si la tige est grosse et vigoureuse.

Les pois Clamart et Michaux, si tendres quand ils sont récoltés aux environs de Paris, deviennent durs et peu savoureux dans le midi de la France.

Les Lentilles sont peu cultivées dans les jardins : il leur faut une terre sablonneuse, sèche et peu engraissée. On sème en avril, à la volée ou mieux en lignes.

II. TUBERCULES OU RACINES.

La Pomme de terre appartient plutôt à la grande culture qu'au jardinage. Nous lui avons déjà consacré un article dans notre Abrégé d'agriculture, nous n'en reparlerons pas ici, non plus que de la Patate ou du Topinambour.

La Carotte est la plus saine et la plus savoureuse de toutes les racines. Elle devient d'autant plus grosse et plus longue que la terre est plus meuble et plus profonde ; elle est d'autant plus savoureuse que cette terre est plus légère, moins humide et plus exposée au soleil. On sème en rayons distants de $0^m,15$ à $0^m,20$, afin de pouvoir biner deux ou trois fois jusqu'à ce que les feuilles de la plante ne permettent plus aux herbes de croître. On sème dès le mois de février et jusqu'au mois de mai. On peut encore faire des semis en septembre pour passer l'hiver et fournir au printemps.

Les Navets ont l'inconvénient de n'être délicats que dans un petit nombre de contrées ; partout ailleurs ils ne gagnent en volume que ce qu'ils perdent en saveur. On les sème depuis le mois de mars jusqu'au commencement de septembre, dans une terre sablonneuse.

Les Salsifis et les Scorsonères veulent un terrain meuble, profond, léger et frais sans être humide. On sème les salsifis dès la fin de février jusqu'en septembre ; les scorsonères à la fin de mars ou au commencement d'avril.

Le Panais *long* convient aux terrains profonds ; le panais *rond*, aux terrains superficiels.

Les Radis ne sont tendres et pleins que dans les terres très-légères ; sur couche et dans le terreau ils croissent très vite, mais ils ont moins de saveur que dans la terre franche. On sème à la volée ou en rayons, en recouvrant légèrement la graine, depuis février jusqu'en mai. Il est utile, pour les semis de petits radis roses, de battre la terre et d'étendre sur cette terre battue $0^m,025$ à $0^m,050$ de terre légère sur laquelle on répand la graine ; sans cette précaution la racine s'enfoncerait et s'allongerait au lieu de conserver la forme ronde.

Le Raifort veut une terre plus forte et plus profonde, on le sème en juin pour le récolter en octobre ou novembre.

III. LÉGUMES HERBACÉS.

Le Chou est l'un des plus utiles légumes. Nous croyons inutile d'en énumérer les variétés, qui sont connues de tout le monde.

On le sème en août et septembre, dans une terre légère ; lorsque les plantes ont $0^m,10$ à $0^m,15$ on les déplace pour les élever en pépinière jusqu'à ce qu'on les repique définitivement. Il est utile de biner la terre de temps en temps pour qu'elle reste meuble et d'arroser fréquemment. Le repiquage des choux se fait au plantoir, dans un terrain amendé, frais, gras et profond. Lorsqu'on plante à demeure, on enfonce la tige à peu près jusqu'aux premières feuilles ; cette tige produit alors de nouvelles racines, qui procurent à la plante un surcroît de force et de nourriture. Pour la même raison on bine et on butte à deux ou trois reprises dans le courant de l'été.

Les choux cabus ou pommés se sèment à plusieurs époques : en février et en mars, sur couche ; au commencement d'avril, à une exposition chaude ; en septembre, à l'ombre, du moins à l'abri du grand soleil. Dans les hivers rigoureux, il est nécessaire de couvrir les semis de septembre avec un peu de paille Ce dernier semis se replante ordinairement en mars et en avril et même au commencement de mai. si le sol est compacte et humide.

Les semis faits au printemps sont bons à transplanter au mois de juillet, et l'on continue d'en mettre en terre tous les mois suivants, afin de récolter pendant une plus longue période de temps.

Pour ne pas perdre de terrain, quand on plante à de grands intervalles, on peut, dans l'espace compris entre les lignes, semer des fèves ou tel autre légume qui sera enlevé lorsque les choux commenceront à grossir.

Dès la fin d'octobre les choux formés commencent de s'accroître en volume. Tant que les pluies ne sont pas continues, tant qu'il ne gèle pas, on peut les laisser sur pied ; mais, dès que l'hiver s'est déclaré, il faut les arracher, les nettoyer, les faire sécher au grand air ; on les suspend alors dans un grenier ou on les plante à la cave dans du sable.

Le CHOU DE BRUXELLES se cultive comme les choux ordinaires ; dans un terrain gras et léger, il s'élève à la hauteur d'un mètre. C'est aux aisselles de ses feuilles qu'il donne de petits choux qu'on détache adroitement sans briser la tige. Ce chou, très robuste et qui résiste aux plus grands froids, doit être semé à diverses époques successives, pour qu'on puisse récolter depuis le mois d'octobre jusqu'à la fin de l'hiver.

Le CHOU-FLEUR se cultive toute l'année. Dès le mois de janvier on le sème sous cloche et sous châssis pour repiquer également à l'abri. A la fin d'avril, on peut le semer en plein air, mais c'est comme essai. Si le semis réussit, on récoltera en juillet-août. En été, on sème à l'ombre pour replanter ensuite en bonne terre fraîche, légère et substantielle, et récolter en automne.

Les CHOUX BROCOLIS sont une variété intermédiaire entre

le chou-fleur et le chou proprement dit. Leurs jeunes pousses printanières sont très bonnes à manger; et, comme le chou qui les produit passe l'hiver en pleine terre, on obtient, dès le commencement du printemps, un aliment agréable et sain.

On sème le brocoli en juin ou en juillet, et on récolte dès les premiers jours de mars. On butte et l'on arrose en été, on abrite pendant l'hiver.

Le CHOU MARIN (crambé maritime) se sème à demeure, en mai ou en août, dans de petits trous garnis de terreau et espacés de 0ᵐ,65. On réserve le pied le plus vigoureux de chaque fosse. Quand la plante a deux ans, on la couvre d'un pot à fleur renversé, afin de la faire blanchir. On coupe les pousses étalées à 0ᵐ,15 ou 0ᵐ,20 à mesure qu'elles se produisent. Le pied produit beaucoup, surtout à la fin de l'hiver et au printemps.

On peut reproduire encore cette plante au moyen des œilletons qui naissent autour de la tige principale.

Le CÉLERI proprement dit se sème en terrain léger, frais et gras vers le mois d'avril. On le transplante en juin ou en juillet dans des rigoles qu'on pratique en élevant une partie de terre en lignes parallèles et profondes de 0ᵐ,15 à 0ᵐ,40, selon l'état du sol. A mesure que le céleri prend de l'accroissement, on le chausse avec la terre retirée de la rigole. On continue cette opération jusqu'à l'hiver. Si l'automne est favorable, et que la plante ait beaucoup poussé, la terre retirée de la rigole y rentre tout entière, et même on butte encore avec la terre voisine. Par ce moyen on obtient des tiges longues, tendres et blanches. Il faut des arrosements fréquents et un terrain bien amendé.

Si le sol manque de profondeur, on peut disposer le céleri en planches; pour faire blanchir une partie de ses tiges on les lie et on les enveloppe de paille.

Les ÉPINARDS se sèment à diverses époques, depuis mars jusqu'en octobre, dans un terrain bien ferme, bien meuble, frais et gras, par rayons éloignés de 0,ᵐ15.

Les CARDONS se traitent comme le céleri et blanchissent par les mêmes procédés.

IV. LÉGUMES TURBINÉS.

OIGNON. Cette plante exige une terre substantielle, mais légère. On la laboure et on l'ameublit parfaitement; puis on la

piétine pour forcer le bulbe à s'arrondir. On sème à la volée
et l'on recouvre légèrement avec du terreau ou de la terre
très fine; on sarcle et on éclaircit quand il le faut. Lorsque
l'oignon approche de sa maturité, il faut dégager le bulbe pour
qu'il prenne toute sa saveur.

On sème les oignons à diverses époques. On préfère l'oignon
blanc hâtif pour les semis d'août destinés à passer l'hiver et
à donner leurs produits en mai et en juin. On couvrira pendant les grandes gelées. Les semis de mai dispensent de cette
précaution.

L'OIGNON PATATE ou *Oignon-sous-terre*, se reproduit en février par les caïeux qu'on détache du bulbe principal. On
butte une ou deux fois et l'on récolte à la fin de mai ou en juin.

Les AULX les ÉCHALOTTES se multiplient en mai de la même
manière.

Les CIBOULES se cultivent en bordure; on les multiplie
en partageant les touffes les plus fortes. Même culture pour
les CIBOULETTES et les CIVETTES, etc.

Les POIREAUX se sèment à la volée dans une terre meuble.
Quand les tiges ont 0^m,20 ou 0^m.25 de hauteur, on arrose à
plusieurs reprises, et on arrache le jeune plant pour le repiquer, au plantoir, à 0^m,15 de distance sur des planches bien
amendées. On ramène et on presse légèrement la terre autour
de la plante. On arrose fréquemment, on sarcle et on bine;
quelques jardiniers plantent en rigoles et à mesure que la
plante croît, rabattent la terre et buttent les rayons pour faire
blanchir une plus grande étendue de tige.

V. LÉGUMES VIVACES.

L'ASPERGE veut une terre légère, substantielle et en bonne
exposition. Elle demande quelques soins pendant les trois premières années de sa plantation, elle produit ensuite pendant
15 ou 18 ans presque sans culture.

On sème la graine en mars dans une terre bien préparée,
elle lève après cinq ou six semaines. En novembre on coupe
les tiges et on les couvre de longue litière; en mai de l'année
suivante, le plant est bon à mettre en place.

On creuse dans le lieu qu'on destine aux asperges des
fosses profondes de 0^m,65, sur 1^m,30 de large, on laisse entre
chaque fosse un espace de même largeur pour recevoir
la terre qui provient des fosses; on amende bien cette
terre, car elle servira plus tard à les remplir. En attendant;

on y plante de petits légumes qui puissent donner leur récolte dans quatre ou cinq mois. Dans le fond des fosses,
on jette environ 0ᵐ,16 de fumier bien pourri qu'on tasse avec
les pieds , on le couvre de 0ᵐ,25 de terre. Alors on se sert
de la fourche pour lever les racines (griffes) des asperges
sans les blesser. On les place en échiquier dans la fosse à
0ᵐ,40 ou 0ᵐ,45 de distance ; on les recouvre de 0ᵐ,50 de
terre. Au mois de novembre suivant il faut couper les tiges et
recouvrir d'environ 0ᵐ,50 de terre et autant de fumier ; au mois
de mars on donne un petit labour seulement pour enterrer le
fumier, et l'on jette dans la fosse un peu de terre. On répète
les mêmes opérations tous les ans de façon qu'à la troisième
année la terre soit rentrée et le terrain nivelé. On coupe les
plus belles asperges la quatrième année , elles sont toutes en
plein rapport.

Si l'on veut avoir une récolte d'hiver hâtive, il faut creuser de
0ᵐ,60 à 0ᵐ,70 de profondeur les sentiers entre les planches et
remplir ce vide avec du fumier de cheval qu'on aura soin de
piétiner et de couvrir de 0ᵐ,08 à 0ᵐ,10 de terre. Le fumier fermente, communique sa chaleur aux plants d'asperges , les ré-
veille et fait pousser leurs tiges plutôt qu'elle n'auraient
poussé dans les circonstances ordinaires.

L'ARTICHAUT se multiplie de semence en pleine terre ou sur
couche et de drageons nommés œilletons, en mars et avril.
Après avoir labouré profondément la terre, on met au commencement du printemps quatre ou cinq graines dans de petits trous remplis de terreau à 0ᵐ,80 ou 1 m. de distance.
Si toutes les graines lèvent, on n'en laisse qu'un pied et l'on
transplante les autres. Les œilletons les plus beaux et bien
enracinés qu'on tire du vieux pied se plantent en quinconce à
la même distance, en avril, dans une terre bien préparée.
Pour préserver les artichauts de la gelée, vers la mi-novembre,
plus tôt même, si la gelée est imminente, on couvre de paille
chaque pied ; puis on butte avec de la terre prise dans les
rangées ; il se forme alors une sorte de rigole qu'on remplit
avec du grand fumier pour réchauffer le plant.

VI. CUCURBITACÉES.

MELONS. Nous laissons de côté la description des nombreuses variétés obtenues par les jardiniers pour donner un
peu de place aux procédés de culture.

Culture sous châssis. En janvier et février, on établit une couche chaude dans une bâche ou sous châssis; on y enfonce de petits pots remplis de terreau, dans chacun desquels on a semé une ou deux graines ; on entretient la chaleur au moyen de réchaux, de fumier neuf ou d'un fourneau, si la couche est dans une bâche, et l'on donne de l'air et de la lumière toutes les fois qu'on le peut sans danger. Lorsque le plant a deux feuilles outre ses cotylédons, on le pince à l'extrémité, afin de le forcer à pousser deux branches latérales. Trois ou quatre jours après cette opération, on établit une nouvelle couche sous châssis ; on la couvre de 0^m, 10 de terreau très consommé mêlé à 1/3 de bonne terre de jardin, et on y plante les jeunes melons avec la motte, on continue à leur donner de l'air, de la lumière, et, s'il le faut, on soutient la chaleur.

Les plantes fleurissent bientôt ; lorsque le fruit est noué, on taille les branches principales plus ou moins longues, selon qu'elles sont plus ou moins vigoureuses, en ne conservant qu'une fleur à chacune. Quelques jours après, on supprime les branches stériles, on arrose avec de l'eau ayant la même température que l'atmosphère de la bâche ou des châssis, et l'on a soin de ne pas mouiller les feuilles. Quand les fruits commencent à grossir, on pince de nouveau l'extrémité des branches qui les portent, et l'on retranche les rameaux inutiles, Il faut donner autant d'air que possible et ne pas perdre un rayon de soleil.... Quand les melons atteignent leur volume, on les soulève avec précaution, et on les place sur une planchette ou sur une tuile jusqu'au moment de leur maturité.

Si l'on sème en avril, on peut le faire dans le terreau même de la couche, et il suffit de couvrir avec des cloches ou des panneaux de châssis jusqu'à ce que la saison permette de laisser jouir les plantes de l'influence de l'air libre.

Culture en pleine terre. On ne cultive guère le melon en pleine terre que dans le midi de la France, au-dessous de la latitude de Lyon. On fait une petite fosse de 0^m,50 de large sur autant de profondeur. On jette dans le fond du fumier chaud et l'on achève de remplir avec 0^m,20 ou 0^m,25 de terrain mélangé de bonne terre. On sème 4 ou 5 graines de melon dans chaque trou, et l'on recouvre d'une cloche ou simplement de grande litière qu'on enlève le matin et qu'on replace le soir. On taille les melons selon les principes que nous avons établis plus haut, et, quand les plantes sont très-vigoureuses, on laisse quelquefois deux fruits sur chaque branche principale.

Citrouilles. Toutes les courges aiment une terre franche, substantielle, à exposition chaude, et il leur faut beaucoup d'arrosements. L'engrais qu'elles préfèrent est le fumier de vache à moitié consommé. On prépare à la fin d'avril ou au commencement de mai, un trou large de $0^m,65$ ou 1^m, profond de $0^m,50$; on étend dedans une couche de fumier de vache de $0^m,20$ à $0^m,25$ d'épaisseur, un peu tassée, et on achève de remplir le trou avec un mélange de terre et de vieux terreau; on sème cinq ou six graines dans chaque trou et on arrose. Lorsque les semences seront levées, on ne laisse que les deux pieds les plus robustes et l'on coupe les autres au-dessous des cotylédons. Lorsque les branches s'allongent et que le fruit est noué, on les arrête en les pinçant à l'extrémité. Une excellente pratique consiste à creuser au-dessous de chaque nœud sans fruit une petite fossette dans laquelle on enterre la branche pour lui faire émettre des racines.

Si l'on veut avoir des courges mûres dès la fin d'août, il faut semer en mars dans de petits pots enfoncés dans une couche chaude et sous cloche. Lorsque la pleine terre est assez réchauffée par la chaleur du printemps, on accoutume peu à peu les jeunes plantes au grand air et on les met en place avec la motte.

Concombres. En mars et au commencement d'avril, on sème le concombre sur couche ou dans du terreau placé sur $0^m,20$ à $0^m,25$ de fumier de cheval, quand on ne se propose pas de l'abriter sous des cloches, on ne le met en terre qu'au commencement de mai. Le concombre exige peu d'arrosements; il faut le pincer comme le melon, mais seulement au quatrième œil, à moins que ses bras ne soient faibles.

Le concombre qui produit les *cornichons* ne diffère pas pour la culture de celui qui produit des fruits à manger sans apprêt.

Melongènes ou Aubergines. Cette plante délicate ne vient bien, dans le centre et dans le nord de la France, que lorsqu'elle est cultivée sur couche et sous cloche. On la sème alors comme le melon : et, dès qu'elle est un peu forte, on la transplante au pied d'un mur ou d'une palissade, au midi. Son fruit est mûr en septembre.

VII. SALADES.

La mache se cueille dès le commencement du printemps, et même pendant les hivers un peu doux. On la sème en terre légère tous les quinze jours, afin d'en avoir sans interruption. Il faut peu recouvrir la graine, qui est très petite. On donnera quelques arrosements si le temps est sec. Il suffit de laisser grainer quelques plants pour que les semis naturels dispensent de toute culture.

Raiponce. Il est très difficile de faire lever cette plante dont la graine est très petite. On la sème en juin, sur terre légère ; on arrose et l'on couvre de rameaux verts ou de paille courte pour maintenir le terrain frais. On récolte à la fin de l'hiver et jusqu'en mai.

Le Cresson d'eau ou de fontaine se multiplie très facilement. Il suffit de répandre la graine sur le bord des eaux vives. On peut obtenir encore du cresson en le semant dans une mare ou près d'un puits, dans un cuvier plein d'eau. Ces cuviers, rentrés à la fin d'octobre, et mis à l'abri des gelées, donnent du cresson pendant l'hiver. Le cresson, pour être tendre, doit être coupé tous les quinze jours jusqu'au mois de juillet : alors on laisse monter en graine quelques tiges qui propagent la plante.

Le Cresson alénois n'exige aucun soin ; il suffit de l'arroser de temps en temps. Il monte promptement en graine ; on en sème un peu tous les quinze jours, à partir du mois d'avril.

Le Pourpier se sème au commencement de mai et jusqu'à la mi-juillet. La graine se jette sur une terre légère et grasse, ou du moins se recouvre très-peu. Elle doit être abritée jusqu'à ce qu'elle soit levée. Plus on arrose le pourpier, plus il se fortifie et s'étend, mais moins il a de saveur.

La Laitue se sème dans une terre légère et grasse, bien ameublie, bien préparée. La laitue qui doit passer l'hiver pour être mangée au printemps est semée en septembre et plantée à la fin d'octobre. Pendant les hivers doux elle continue de s'accroître, dans les temps rigoureux il faut seulement la couvrir avec des feuilles ou de la paille hachée. Les laitues d'hiver, conservées en pépinières, se plantent en bordures au mois de mars et ne tardent pas à être bonnes à cueillir. On sème la laitue pour la belle saison depuis le mois de mars jusqu'à la fin de juillet : celle de l'été réussit rarement.

La Romaine (*Laitue romaine*) se cultive comme la laitue commune ; seulement on la lie pour qu'elle devienne plus tendre. Par un jour sec on réunit en faisceau toutes les feuilles parvenues à leur grandeur naturelle, on les lie avec du foin. Au bout de huit à dix jours, la plante est bonne à couper.

La Chicorée se sème aux mêmes époques que la laitue.

Pour la faire blanchir, on la lie comme la romaine, ou bien on applique sur la plante une ardoise, une tuile ou une pierre plate.

On cultive aussi la *chicorée sauvage* pour la couper jeune, pendant la belle saison.

On peut produire la *barbe de capucin* pendant l'hiver. On établit, en novembre, dans une cave, un tonneau percé de trous, et on le remplit d'un mélange de sable et de terre légère; on y plante les pieds de chicorée. On humecte un peu pour tenir la terre fraîche. Au bout de quelques jours on peut couper les jeunes feuilles qui, privées de lumière, sont devenues tendres et blanches.

VIII. HERBES POTAGÈRES.

L'Oseille se sème en bordure en avril ou en mai sur une terre bien meuble. Il faut arroser, sarcler, et même abriter le jeune plant contre la chaleur trop vive, jusqu'à ce qu'il ait acquis assez de force. On éclaircit afin que les pieds trop rapprochés ne se gênent pas. Ces pieds peuvent durer de cinq à dix ans ; il suffit de sarcler et d'enlever les rejetons qui ne laisseraient pas d'intervalle libre entre les touffes. Pour maintenir les bordures d'oseille en bon état, pour en obtenir de belles feuilles en abondance, il faut, tous les trois ou quatre ans, rafraîchir les racines et séparer les touffes en plusieurs pieds.

Pendant l'hiver, l'oseille a besoin d'être légèrement recouverte de crottin, de colombine ou de fumier. On ne la couvre qu'après avoir, en novembre, trois ou quatre jours à l'avance, coupé toutes ses feuilles.

Le Persil est une plante bisannuelle. Il faut en semer tous les ans afin d'avoir toujours des pieds productifs. Le persil aime beaucoup les terres bien exposées au soleil, les pierres, les murs, le gravier. Il s'y enracine fortement, produit beaucoup et y devient excellent. La graine reste quarante jours en terre.

L'emploi du persil est si fréquent, qu'on a cherché les moyens de ne jamais en manquer ; c'est dans ce but que les Hollandais ont inventé la persillaire.

Nous allons essayer de faire comprendre cette invention qui est fort ingénieuse, et, sans contredit, très utile.

La persillaire est un vase en terre cuite, en zinc ou même en bois, dont les dimensions peuvent varier suivant les besoins. Cette espèce de pot a le plus ordinairement un mètre de hauteur et vingt-cinq à trente centimètres de diamètre. Il est percé de trous ronds de la dimension d'un fort tuyau de plume d'oie, destinés à laisser passer les feuilles de la plante. Pour former une persillaire, on se procure de jeunes plantes de moyenne grosseur ; on passe les racines de dehors en de-

dans, de manière que le collet de la plante soit un peu en dehors du vase. Quand la rangée inférieure des trous est garnie, on place une couche de bonne terre, qu'on arrose légèrement: le pot se garnit successivement et alternativement de plants et de terre un peu fraîche, et, aussitôt que les plants sont enracinés, on peut commencer la récolte des feuilles, qui dure au moins deux ans.

Le CERFEUIL est annuel et monte très-vite en graine. Il faut en semer tous les quinze jours, à partir de mars jusqu'en octobre.

On connaît une variété de cerfeuil, le *cerfeuil bulbeux*, qui est très recherchée, et dont la racine est un excellent légume. Cette variété se multiplie de graines stratifiées pendant l'hiver et semées au printemps.

La SARIETTE annuelle se sème en avril. La sariette vivace se multiplie de graines ou d'éclats de racines.

IX. PETITS FRUITS.

Le PIMENT ne se cultive guère que dans les pays chauds, à moins que ce ne soit sur couches et sous châssis.

La Tomate exige à peu près autant de chaleur que le piment. Pour que ses fruits parviennent plus vite à maturité, dès qu'ils sont noués on pince les jeunes pousses. Plus tard on effeuille, pour faciliter l'action des rayons solaires.

Groseillier a grappes. Cet arbrisseau préfère les terrains légers et profonds. On le multiplie de boutures, ou mieux de drageons ou rejets bien enracinés qu'on plante en octobre ou en novembre. Une taille bien entendue le rend très-productif.

Le Cassis et le Groseillier a maquereau se propagent et se cultivent de la même manière.

Le Fraisier se plante en planches ou en bordures dans un terrain sec, un peu amendé et médiocrement exposé au soleil, surtout pendant les grandes chaleurs. On le multiplie facilement par ses éclats enracinés, par ses rejetons ou par les graines semées en été à l'ombre sur terreau ou sur terre de bruyère, dans un lieu frais. La plantation se fait en octobre. Toute la culture consiste à sarcler et à biner en février ou mars et en juillet. On rechausse les pieds avec de la bonne terre. On les débarrasse des filets inutiles et l'on arrose quand il est nécessaire.

Il sera prudent de couvrir les fraisiers de paillis pendant l'hiver. Au printemps, on laisse un peu de ce paillis entre les pieds, pour que la terre ne se dessèche et ne se durcisse, pas trop vite.

X. ANANAS.

L'Ananas, qui pendant longtemps n'a été servi que sur les tables somptueuses, fait aujourd'hui partie des cultures de tout jardin soigné; on ne cultive en France que l'ananas *à couronne*, dont la chair est blanche ou jaune.

Les ananas se multiplient par les œilletons détachés du pied, ou par la couronne de feuilles qui surmonte le fruit. On éclate les œilletons, on enlève quelques feuilles du bas, on régularise la plaie avec un instrument tranchant, et l'on plante. C'est en octobre qu'a lieu cette opération. On plante les couronnes à mesure que les fruits mûrissent.

La terre qui convient le mieux est celle de bruyère. On peut cependant employer un mélange d'un quart de terre de bruyère, d'un quart ce terreau de fumier et de moitié de terre franche. On plante dans des pots de 0^m,12 qu'on enfonce jusqu'au bord dans la *tannée* d'une couche avec châssis préparée pour les recevoir. Cette couche doit être très épaisse, composée de fumier neuf et de feuilles sèches, et recouverte d'un lit de tan de 0^m,30 d'épaisseur. L'ananas supporte très-bien 35 degrés de chaleur, mais il souffre au-dessous de 30 degrés. Pendant la nuit, on couvre les panneaux avec des paillassons.

Quinze ou vingt jours après, le jeune plant doit être enraciné, et seulement alors on arrose, mais modérément. L'eau des arrosements doit être à la température de 30 degrés. On soigne la jeune plante et l'on rechausse les couches toutes les fois qu'il est nécessaire, en les remaniant, ou en les refaisant à neuf, ou en les entourant de réchauds.

A la fin d'avril de l'année suivante, on dépote les ananas pour leur donner des vases plus grands (de 0^m,16 à 0^m,18 de diamètre). On pratique cette opération avec soin en nettoyant la plante de ses feuilles mortes, et des insectes qui y sont attachés. Pendant cette seconde année, on donne aux plantes les mêmes soins que pendant la première, mais il leur faut quelques arrosements et beaucoup plus d'air.

Au printemps de la troisième année, il faut aux ananas des pots de 0^m,30 de diamètre Pour les mettre à fruit, on augmente la chaleur autant que possible et les arrosements en proportion. Il est nécessaire que le thermomètre ne descende pas au-dessous de 30 degrés.

Lorsque l'ananas entre en fleur, il faut redoubler de soins et ne le laisser manquer ni d'eau ni de chaleur ; mais, lorsque son fruit commence à mûrir, il ne faut pas lui donner trop d'eau si l'on veut lui conserver tout son parfum.

Nous avons parlé seulement de la culture sous châssis parce que c'est la plus économique et peut-être la meilleure. Si l'on voulait faire cette culture en bâche ou en serre chaude, il faudrait entretenir l'atmosphère au moins à 25 degrés. Les couches, les transplantations et les soins à donner sont les mêmes.

XI. CHAMPIGNONS.

L'horticulture n'a pas à s'occuper des espèces de champignons qui se récoltent dans les bois, mais seulement de l'espèce qui croît et se cultive sur couches.

L'*agaric comestible* tient le premier rang parmi ses congénères. C'est le seul dont on permette la vente à la halle de Paris.

Il n'y a pas d'époque pour former une couche à champignons. Dans un coin de jardin, sur un terrain uni, on dresse le fumier à la hauteur de 0^m,60 à 0^m,70. Le meilleur fumier, est celui de cheval, d'âne ou de mulet. Ce fumier sera chaud, c'est-à-dire très-récent. On le piétine après l'avoir bien dressé à la fourche. S'il fait chaud, et si le,temps est sec, on l'humecte légèrement. Alors il entre promptement en fermentation. On est certain que cette fermentation est suffisante (c'est ordinairement après huit ou dix jours) lorsque des petits points blancs se montrent à l'intérieur et à la surface du tas. On démonte alors la couche, on mêle le fumier à la fourche et on le redresse à la place qu'il occupait.

Après huit jours de repos, le fumier a toutes les qualités désirables, surtout s'il ne vient pas à être noyé par des pluies prolongées. Dans ce cas fâcheux, il faut renouveler l'opération, à moins qu'on n'ait trouvé le moyen de couvrir la couche. Il faut aussi la préserver des trop grandes ardeurs du soleil.

La couche ayant acquis assez de chaleur, on la *larde*, c'est-à-dire qu'on la garnit de cette sorte de duvet qu'on nomme *blanc de champignon*, et qu'on détache des *galettes* ou plaques de fumier tirées d'une couche ancienne. Ce blanc, qui est le *mycelium* des champignons, peut se conserver très actif pendant plusieurs années dans un endroit sec. Dans les débris des vieilles couches à melon on trouve aussi de très-bon blanc.

On introduit le blanc dans les couches en y ouvrant avec la main des cavités larges et profondes de 0^m,08 à 0^m,10. Les mottes de blanc doivent toucher le fond des trous, leur surface effleurant celle de la·couche. Sur chacune des quatre pentes ou talus on laisse entre les cavités un intervalle de 0^m,30 sur deux lignes parallèles, dont la première est à 0^m,10 au-dessous du sol ; la seconde de 0^m,15 à 0^m,20 au-dessus de la première, etc.

On étend sur la couche une chemise de paille qui conserve la chaleur et l'humidité, et l'on ne tarde pas à récolter.

Après cinq ou six mois de production une couche à champignons est épuisée. Il faut alors la démolir et en reconstruire une autre. On dispose des débris de la vieille couche pour former les planches du potager.

CALENDRIER DE L'HORTICULTEUR.

C'est une chose essentielle de faire en temps utile les plantations, les ensemencements ou les diverses opérations horticoles. On ne peut cependant fixer positivement une époque précise pour tels ou tels travaux, parce que les saisons sont loin de revenir chaque année avec la même température au même moment de l'année. Quelquefois, par exemple, la végétation est en mouvement dès le mois de février. Souvent, dans le même pays, elle ne s'y met qu'en avril. Il serait donc à désirer qu'on eût, pour chaque département, une sorte de calendrier de Flore semblable à celui que le comité d'instruction publique de la Convention a publié pour la France entière. En effet, au moment où tel oiseau de passage est de retour dans nos climats, telle fleur s'épanouit, telle autre revêt ou perd son feuillage, une époque agronomique est déterminée, et les périodes des saisons sont fixées.

Nous prendrons un terme moyen pour faire connaître, mois par mois, quelles sont les productions de la nature qui annoncent la marche de la végétation ; ces signes indiquent les époques naturelles bien plus sûrement que ne le font les dates du mois. La concordance de plusieurs phénomènes est le meilleur indice qu'on puisse rechercher de l'opportunité de telle ou telle opération.

JANVIER.

Floraison de l'ellébore noir (rose de Noël), du laurier-thym, de la violette odorante et du tussilage odorant.

C'est en janvier que l'horticulteur prévoit et prépare les travaux pour toute l'année. Il se procure les graines qui lui manquent et répare ses outils.

On continue pendant ce mois de planter les arbres dans les terrains secs ; on transporte la terre ; on transplante quelques fleurs : on commence à tailler les arbres en espalier et en quenouille.

On sème déjà les fèves et les pois pour avoir des primeurs. On nettoie et on éclate l'oseille pour la replanter. Dans les terres légères et bien exposées, on peut hasarder l'oignon, qui ne prospérera cependant que si l'hiver n'est pas trop rude.

Dans les serres et sous les châssis, on sème la laitue à recouper, le cerfeuil et les autres fournitures, le petit céleri, les raves, les radis, la chicorée sauvage, la chicorée tardive, les choux-fleurs et les choux tardifs. Quand on espère que les froids vont s'adoucir, on nettoie le terrain de l'aspergerie ; on recharge de fumier et de terreau, et on abrite pour échauffer le sol et hâter la sortie des pousses d'asperge. On visite les carrés d'artichaut pour relever la litière, s'il est utile, et pour réparer les dégâts de l'hiver, s'il y en a eu.

On attend la fin du mois pour semer sur couches les melons, les concombres, et quelques variétés de fleurs annuelles.

Il est encore temps de mettre en terre les oignons des tulipes, des jacinthes et les griffes d'anémones et de renoncules.

FÉVRIER.

Floraison du galanthe des neiges, du lauréole, de quelques primevères et du crocus printanier. Les chatons du noisetier paraissent. Le sureau et le groseillier épineux poussent déjà quelques feuilles.

Le soleil commence à rester plus longtemps sur l'horizon, et dans les années précoces, sur les terres légères, sablonneuses et bien exposées, la végétation commence à s'annoncer. On sème avec succès les fèves, les pois, les carottes, les navets, les poreaux, l'oignon, les choux, les topinambours, les panais, les épinards, le persil, le cerfeuil, le céleri, les laitues, les asperges. On plante l'ail, la ciboule, l'échalotte, les petits oignons de l'année précédente qui achèvent de grossir en peu de mois ; on sépare les vieux pieds d'estragon et de lavande. On nettoie l'oseille, on donne un peu d'air aux pieds d'artichaut, mais on recouvre soigneusement, si le froid reparaît. On bine les fèves et les petits pois d'hiver, pour ameublir le terrain battu et durci par les pluies.

On replante en place sur couche tiède pour pommer les laitues qu'on a semées en décembre. On sème des melongènes, du piment, des tomates, des concombres sur couche chaude. On sème des pois Michaux très épais pour replanter en pleine terre un mois après, en plate-bande, le long d'un mur au midi. On sème quelques melons sous châssis, ou, à défaut de châssis, sous cloche. On transplante les semis de janvier qui sont bien venus ; on remplace, par de nouvelles graines, celles qui n'ont pas levé. On repique les salades et les choux hâtifs.

On dresse les plates-bandes, on nettoie les bordures, on commence à bêcher les terres légères pour les ensemencements de mars ; on remue et l'on manie les terreaux et les engrais dont on aura bientôt besoin. On enlève les filets, les mauvais pieds et les feuilles gâtées des fraisiers.

On poursuit tous les travaux indiqués pour le mois précédent ; on continue la taille des poiriers, des pommiers et des autres arbres fruitiers : celle des groseilliers doit être faite. On rabat les framboisiers pour leur faire pousser des tiges vigoureuses, qui deviendront très productives l'année suivante.

On taille les haies et les palissades, on ébranche les arbres, on les nettoie en enlevant le bois mort ou mal placé, en grattant ou lavant les mousses et les lichens parasites qui croissent sur les branches ; on laboure dans le verger, mais en se servant de la fourche pour blesser le moins possible les racines.

On rechausse les petits pois qui ont été semés à l'air libre, en novembre et en décembre ; pour cela on rapproche autour de chaque touffe, ou contre les rayons, une petite quantité de terre afin de soutenir la plante et de garantir son collet de la gelée. On prend les mêmes précautions pour les fèves qui ont été semées à la même époque.

Il est temps de faire les plantations d'arbres dans les terres naturellement humides ; de tailler le pêcher, l'abricotier, le prunier ; de faire les boutures des arbres qu'on veut multiplier, et de mettre en terre les graines et les noyaux qu'on a stratifiés dans le sable pendant l'hiver. Vers la fin du mois on plante les arbres verts.

On sème en place le pied-d'alouette, le pois de senteur, le réséda, le thlaspi, le pavot, le coquelicot ; on sème sur couche pour replanter plus tard l'œillet de la Chine, les amaranthes, la sensitive, la pervenche de Madagascar, le lotier Saint-Jacques, le datura fastueux, les giroflées, les ambrettes. On peut encore mettre en terre les oignons de jacinthes et de tulipes, ainsi que les griffes d'anémones et de renoncules.

MARS.

Floraison de l'amandier nain, du pêcher et de l'abricotier ; du tussilage, de la pervenche, de la pâquerette, du narcisse jaune et du muscari. — Feuillaison du bouleau, du groseillier épineux, de quelques saules, de quelques lilas et du mélèze.

Les semis et les plantations à faire dans ce mois sont en très-grand nombre. On répète les semis de salades, radis, pois, fèves, épinards; on sème des choux de diverses sortes, des salsifis, des cardons, des artichauts, des laitues, du céleri, des radis et beaucoup d'herbes potagères : persil, cerfeuil, etc., on peut risquer une première saison de navets hâtifs. On plante la plupart des racines conservées dans la reserre ou dans la cave depuis l'année précédente, pour fournir de la graine l'été prochain. On achève de mettre en place les choux et choux-fleurs hivernés. Vers la fin du mois, s'il fait beau, on enlève les drageons de l'artichaut pour les mettre en place ; on découvre, on nettoie et on serfouit les vieux pieds.

Il est déjà bien tard pour planter les arbres, à moins que ce ne soient des arbres verts ou que le sol ne soit très humide. On greffe en approche et en fente avec des rameaux cueillis depuis quinze jours et qu'on a conservés en les piquant dans la terre en un lieu frais et ombragé. On fait des marcottes, des boutures de cognassiers et de plantes d'ornement. On termine la taille. Enfin on sème les graines d'arbres et d'arbrisseaux que l'on n'a pas mis stratifier, comme par exemple celles de pins, sapins, cyprès, genévriers, baguenaudiers, cytises, genêts, arbres de Judée, sophoas, féviers. On met en terre et avec précaution, pour ne pas casser leurs radicules, les noyaux et autres semences qu'on a mis stratifier.

Dans ce mois la terre est exposée à se battre et à se *plomber* par l'effet des pluies et des arrosements, si l'on ne prend pas la précaution de la pailler. On emploie pour cet usage du fumier de vieilles couches, des feuilles d'arbre à moitié consommées ou de la paille hachée.

Les arbres fruitiers commencent à fleurir en mars; aussi est-ce dans ce mois que l'horticulteur doit déployer la plus active vigilance pour ne pas laisser surprendre par la gelée les fleurs des pêchers, des amandiers et des abricotiers. Chaque soir il consultera son thermomètre et il s'assurera si le vent est au nord ou au midi. S'il a la moindre crainte pour la température de la nuit, il se hâtera d'étendre ses toiles ou ses paillassons pour préserver les arbres du danger.

On sème sous châssis, et même sur couche à la fin du mois si le temps est devenu doux, les balsamines, les giroflées, les reines-marguerites, les roses d'Inde, les œillets d'Inde, les belles-de-nuit, le séneçon des Indes, les passe-roses de la Chine, et cette foule de fleurs qui sont destinées à faire l'ornement des parterres.

On met en place les marcottes d'œillets et les œillets de semis qu'on veut conserver et multiplier, les juliennes, les hépatiques, les oreilles-d'ours, les primevères qui sont destinées, soit à donner leurs fleurs plus tard que les mêmes espèces replantées en octobre, soit à remplacer les pieds que l'hiver ou les accidents auraient fait périr.

On sème en place le pied-d'alouette, la belle-de-jour, les chrysanthèmes, les giroflées de Mahon, la nigelle de Damas, et les mêmes fleurs qu'on a hasardées en février.

AVRIL.

Floraison du prunellier, du poirier, du pêcher, du prunier, du cerisier, des groseilliers, des cassis, des primevères, des jacinthes, de la couronne impériale, du marronnier d'Inde et du sceau de Salomon. — Feuillaison des lilas, du troëne, du groseillier à grappes, du merisier et de l'aubépine. — Apparition des morilles.

Les semis de pleine terre se font avec une grande activité. Il est encore temps de faire tous ceux du mois précédent, ou de les renouveler. On sème de la laitue de Hollande afin de la repiquer et la faire pommer en mai ; de la chicorée qui blanchit sur place, et peut se consommer en juillet si les arrosements ne lui ont pas manqué. On éclaircit les carottes et on en repique dans les endroits où il en manque.

A la fin du mois on risque quelques haricots hâtifs en plate-bande terreautée, au pied d'un mur au midi. Les semis de concombres et de cornichons se font en place et en capots, c'est-à-dire dans de petites fosses remplies de fumier et recouvertes de terreau. Il en est de même pour les courges, giraumons, potirons, pour les piments et pour les tomates.

On découvre les vieilles couches, on en fait de neuves encore pour les melons.

On met tout à fait à l'air, après les avoir découverts par degrés, les plants d'artichauts qu'on œilletonne, qu'on bêche et qu'on fume.

On plante le fraisier des quatre saisons ; on peut encore faire des plantations d'asperges.

On transplante toutes sortes de plantes potagères ; on rame les premiers petits pois ; on pince les fèves en fleurs ; enfin, on arrose le matin, par ce que les arrosements du soir nuiraient à la végétation, en refroidissant la terre pendant la nuit.

Dans les terrains gras et humides, il est encore temps de

faire des plantations d'arbres ; mais, si l'été est chaud et très-sec, il faudra les arroser pour assurer leur reprise. C'est le moment le plus favorable pour mettre en terre ceux qui doivent décorer le bord des eaux, tels que cyprès chauve, aune, peuplier, saule, etc. On taille les arbres qui ont été retardés, et particulièrement les pommiers paradis : on peut déjà juger des boutons qui doivent fructifier sur le bois de l'année précédente.

On visite de nouveau les arbres qui ont été émoussés dans le mois précédent ; on les échenille et l'on coupe jusqu'au vif toutes les parties cariées. On recouvre les plaies avec de la cire à greffer, quand elles sont petites et, avec de l'onguent de Saint-Fiacre, quand elles sont grandes.

Si la saison est peu avancée, on peut encore greffer en fente : si, au contraire, elle l'est beaucoup, on peut déjà commencer à écussonner à œil poussant, pourvu qu'on ait eu la précaution de couper des rameaux en février et en mars et de les conserver en terre au pied d'un mur au nord pour fournir les écussons. On fait aussi les greffes en flûte et en couronne. On fait des boutures et des marcottes. On transplante les arbres qui ne prospèrent pas quand ils sont plantés plus tôt. On éclate les pieds et on sépare les œilletons des plantes de terre de bruyère pour les replanter sur-le-champ en plate-bande.

Il est temps de semer les capucines, les liserons, les belles-de-nuit, et de planter les dahlias.

MAI.

Floraison de l'iris, du lilas, de la boule-de-neige, du cerfeuil, de la tulipe, de l'asphodèle, de l'ancolie, du muflier, de l'arbre de Judée, de l'aubépine, du cognassier, du pommier, du genêt, etc.

Dans ce mois on sème les variétés qui ne pomment pas, on sème aussi toutes les espèces et variétés de haricots, quelques melons rustiques, le maïs, les concombres et les cornichons, les tomates, les piments.

On sarcle, on bine. On transplante et l'on arrose. On rame les pois. Si les matinées sont fraîches, on se sert de toiles et de paillassons pour abriter les jeunes plantes des semis. On éclaircit et l'on repique les carottes, les oignons, etc. On coupe les filets de fraisiers.

Les châtaigniers, les noyers, les figuiers et autres arbres à bois tendre et à écorce épaisse se greffent en flûte ; les autres en écusson. On commence à ébourgeonner les plus vigoureux. On retranche les rameaux sauvageons des sujets qu'on a greffés l'année précédente et l'on fixe le bourgeon de la greffe au sujet ou à un tuteur, afin de lui faire prendre une position verticale et pour le soustraire aux accidents qui pourraient le décoller. On sarcle et l'on s'attache surtout à détruire les mauvaises herbes, les insectes et les animaux nuisibles, les taupes, les mulots, les souris, etc.

On élève encore des couches pour semer des melons.

Le moment est venu de détacher et de planter les œilletons de primevères et d'oreilles-d'ours, de faire des marcottes et des boutures de toutes sortes de plantes et arbustes de pleine terre et même d'orangerie. On sème encore quelques fleurs d'automne, pour bordure, des pieds-d'alouette, la balsamine naine, la giroflée de Mahon, la scabieuse. C'est le temps le plus favorable pour semer les graines de giroflée et d'œillet qui doivent fleurir l'année suivante.

JUIN.

Floraison du chèvrefeuille, du sureau, de l'oranger, du laurier-rose, du syringa, du lis, des œillets, des rosiers, des mauves, du pavot, de la giroflée, du pois de senteur, etc.

On a encore un assez grand nombre de semis à faire pour obtenir des produits dans l'automne suivant ou même pour le printemps. On sème des légumes et toutes les fournitures et autres menues plantes ; mais de ces dernières, peu à la fois, à demi-ombre, et tous les quinze jours pendant tout l'été. Pour que ces plantes aient toutes les qualités désirables, il faut les arroser beaucoup et souvent même deux fois par jour, sans cette précaution elles sont dures, âcres et montent très-vite.

On éclaircit encore les semis de carottes, d'oignons, de salsifis. On repique en place les choux-fleurs, les brocolis, les choux de Bruxelles, les choux verts, les cardons, la poirée, le céleri, les laitues, les chicorées, les oignons. On conserve parmi les plantes les plus vigoureuses celles qui sont destinées à fournir de la graine. Si l'on tient à conserver des variétés très-franches, on aura soin de choisir ces porte-graines éloignés d'autres variétés de la même espèce, afin d'éviter la dégénérescence occasionnée par une fécondation hybride.

On effile les fraisiers, on tond les haies et les bordures.

C'est dans ce mois qu'on est surtout exposé au fléau de la grêle. On ferait très-bien d'en abriter les espaliers de pêchers, les plantes de terre de bruyère et tous les végétaux précieux au moyen de toiles tendues dont l'installation ne sera pas extrêmement coûteuse.

On palisse, on ébourgeonne la vigne et beaucoup d'autres arbres fruitiers. Cette opération, utile à tous les arbres fruitiers soumis à une taille régulière, est indispensable pour les pêchers, les abricotiers et les vignes. Elle consiste à supprimer les bourgeons inutiles ou mal placés. Bien que nous l'indiquions pour le mois de juin, elle peut également se faire avant ou après le développement des bourgeons. Très-souvent on la fait en mai ; plus tôt on ébourgeonne, moins il y a de séve perdue. Cependant comme on ne peut pas ébourgeonner la vigne avant d'apercevoir la grappe, il est indispensable d'attendre à moins que l'on ne veuille sacrifier quelques fruits à la régularité de la treille. Les poiriers et les pommiers ne doivent s'ébourgeonner que lorsque la végétation est presque arrêtée, car en opérant plus tôt on ferait partir en bois les bourgeons destinés à donner du fruit. L'ébourgeonnement est tout à fait inutile sur les quenouilles.

Dans le mois de juin on greffe en écusson à œil poussant les arbres qui produisent des fruits à noyau.

On repique en place les fleurs d'été et d'automne semées dans les mois précédents et l'on commence à recueillir un certain nombre de graines. Vers la fin du mois on arrache les oignons, griffes et bulbes. On reconnaît le moment précis de les déplanter quand leurs feuilles se fanent et se dessèchent.

JUILLET.

Floraison du jasmin, du romarin, de la scabieuse, du liseron, du pied-d'alouette, de la marjolaine, du géranium, de la balsamine, des cucurbitacées, du figuier, etc.

Il est temps encore de semer les espèces indiquées pour le mois de juin, à l'exception des choux-fleurs et des choux à grosses côtes. Si l'on attendait jusqu'à la fin de juillet il ne serait plus temps de semer les brocolis et les choux-navets.

Les pois et les haricots semés à cette époque ne pourront être mangés qu'en vert. L'oignon blanc ne réussira que dans les terres fortes : dans les terres sablonneuses ou légères on ne fera le semis qu'en août et l'on repiquera en octobre. Les poireaux et la ciboule, semés dans le commencement du mois, ou vers le 15 au plus tard, seront tous à repiquer en septembre. Les panais, les choux, les carottes se sèmeront dans un endroit frais, pour être transplantés au printemps.

Vers le milieu du mois on greffe en écusson à œil dormant sur poirier et sur épine, sur cognassier, sur pommier, sur églantier. Pour les arbres à fruits à noyau on attend la fin du mois ou le commencement d'août ; car, si la séve était trop abondante, les greffes pourraient être *noyées,* ou bien elles pousseraient des rameaux faibles qui ne résisteraient pas aux rigueurs de l'hiver. Le bourgeonnement et le palissage des arbres fruitiers se continuent avec une grande activité.

On commence à marcotter les œillets et l'on continue jusqu'en août. On achève d'arracher les oignons à fleurs, les pattes et les griffes qui ne doivent se replanter qu'en automne. On arrache aussi ceux qui restent en terre toute l'année, les lis, les narcisses, les couronnes impériales, mais seulement pour les débarrasser de leurs caïeux et pour les replanter aussitôt.

Beaucoup de graines sont mûres : on en fait la récolte.

Une grande partie des plantes bisannuelles qu'on veut avoir en fleur au commencement du printemps se sèment dans le mois de juillet.

On sarcle, on bine, on ratisse ; soir et matin, on donne de copieux arrosements.

AOUT.

Floraison de l'héliotrope, du laurier-rose, de l'aconit-napel, du carthame, du topinambour, des dahlias, de la véronique et de la clématite.

On peut encore semer jusqu'au 25, à bonne exposition, des pois et des haricots pour cueillir en vert. Vers la fin du mois on sème, pour passer l'hiver et produire au printemps, de la carotte hâtive et ordinaire, du chou d'York, du chou pain de sucre et des épinards.

On empaille et on lie les cardons et les chicorées pour les faire blanchir ; on butte le céleri. On coupe rez-terre les artichauts dont on recueille les têtes.

On recueille la graine de cerfeuil, de persil, de laitues, de raves, de radis, de ciboules, d'oignons, de carottes, de betteraves et même de capucines.

Si l'on veut obtenir des fraises de primeur, c'est le moment de planter des fraisiers dans des pots qu'on enfonce dans une couche chaude sous châssis.

On greffe en écusson à œil dormant sur cerisier et merisier, cognassier, franc de poirier et pommier, doucin, paradis, amandier, prunier, églantier, et sur une foule d'arbres et arbustes d'agrément. On continue le palissage s'il est nécessaire, et l'on effeuille sur les fruits afin de les faire colorer par les rayons du soleil. Cette dernière opération doit se faire peu à peu et avec de certaines précautions ; car, si le soleil frappait brusquement sur un fruit qui jusque-là se serait développé dans l'ombre, au lieu d'en achever la maturité, il pourrait le brûler et le faire tomber. Il ne faut pas d'ailleurs ôter trop de feuilles, car, lorsqu'on en prive un végétal, on le prive en même temps des organes de la transpiration et de la respiration.

On effile les fraisiers, on arrache les mauvaises herbes, on sarcle, on ratisse et on ne ménage pas les arrosements soir et matin. On remet en terre les oignons de fritillaire impériale, de perce-neige et quelques autres qui craignent de rester trop longtemps hors de terre.

C'est dans le mois d'août que l'on fait en plate-bande de terre de bruyère, ou en terrines remplies de la même terre, des boutures d'arbres et d'arbustes délicats. On les couvre d'une cloche, on les place dans un lieu ombragé et on a soin de les entretenir dans une humidité convenable. On fait aussi des boutures sur couche chaude et sous cloche de verre dépoli. Du reste tous les travaux mentionnés dans le mois de juillet peuvent encore s'exécuter dans celui-ci.

SEPTEMBRE.

Floraison des jasmins, du colchique, de la reine-marguerite, du safran, de la balsamine, des dahlias, etc.

A la fin de ce mois comme en avril, la terre du jardin doit être entièrement couverte de légumes ou semés ou repiqués.

On sème les choux-fleurs destinés à passer l'hiver.

On peut, pour mettre en bâche et obtenir des primeurs, semer des petits pois et des haricots de Hollande à bouquets.

C'est dans ce mois qu'on doit planter les fraisiers, si l'on veut obtenir des récoltes l'année suivante.

On continue à lier la chicorée, à empailler les cardons, à butter le céleri.

On visite les greffes en écusson faites en août, et l'on desserre les ligatures afin d'empêcher qu'il ne se forme des bourrelets. Cette précaution est indispensable pour toutes les greffes en écusson, dans toutes les saisons, et on doit la prendre 20 ou 25 jours après avoir placé l'écusson, c'est-à-dire aussitôt qu'il est soudé.

On écussonne encore les jeunes pêchers, les cerisiers, les pruniers et les amandiers.

On commence vers la fin du mois à planter des jonquilles, des narcisses, des jacinthes et des tulipes, en observant néanmoins que, dans les terres froides et humides, ces plantes ainsi avancées se défendent moins bien contre les rigueurs de l'hiver et ont besoin d'être garanties au moyen de grande litière. C'est aussi dans ce mois que l'on sacrifie des oignons de jacinthe, de jonquille, de narcisse double, de narcisse blanc pour les faire fleurir en hiver, sur des carafes, dans les appartements. Le moment est favorable pour semer les graines de tulipes, de jacinthes, d'anémones, de renoncules, mais ces plantes demandent en hiver de grands soins, pour être préservées des pluies, de la neige, du givre et de la gelée. On peut encore marcotter les œillets, mais pour ne les relever qu'au printemps. C'est encore le moment de semer des quarantaines pour repiquer de bonne heure. On peut aussi éclater les plantes vivaces à tiges persistantes, les violettes, les oreilles-d'ours, les primevères, etc., etc.

Les arrosements deviennent moins fréquents et doivent se faire le matin, parce que les nuits sont longues et fraîches.

On continue la récolte des graines.

OCTOBRE.

Floraison de la reine-marguerite, des asters, du colchique, des millepertuis. Effeuillaison du tilleul, etc.

Si le temps est resté beau, on peut continuer quelques-unes des cultures de septembre. Il est bon de semer à l'abri des raves, du cerfeuil, des pois d'hiver, des pois Michaux, des mâches, des épinards, de la laitue des choux-fleurs.

On plante en pépinière, pour les trouver après l'hiver, des œilletons d'artichaut, de fraisier, des choux, des laitues.

C'est le moment de repiquer les oignons blancs, les choux d'York et les autres choux pommés d'hiver.

On continue d'empailler les cardons et de butter les céleris pour les faire blanchir. On nettoie les planches d'asperges et d'artichauts de toutes leurs vieilles tiges, afin qu'elles soient prêtes à être couvertes au besoin.

Beaucoup de jardiniers ont la mauvaise habitude de butter les artichauts avec la terre qui se trouve entre les plants et de découvrir ainsi les racines pour les exposer aux rigueurs des gelées. Il faut butter avec de la terre rapportée, ou entourer les pieds d'une bonne épaisseur de paille sèche que l'on recouvre de fumier, mais de manière à ce que ce fumier ne soit jamais en contact avec les feuilles. A la fin du mois, on met dans le sable pour l'hiver, après les avoir arrachées par un beau jour, les carottes, les navets, les salsifis et la chicorée sauvage. On dispose la barbe de capucin.

Enfin en octobre, si la végétation est entièrement suspendue, et si les arbres sont dépouillés de leurs feuilles, on peut commencer à planter toutes les espèces d'arbres fruitiers dans les terrains légers et secs ; pour les terrains froids et humides où les racines risqueraient de pourrir, on fera mieux d'attendre le printemps. On élague les arbres, on les nettoie de leurs branches mortes ou mal placées.

On confie à la terre toutes les plantes à bulbes ou à oignons ; elles résistent mieux à la gelée que celles plantées en septembre et elles fleurissent presque aussitôt. On pourrait même ne les mettre en terre qu'au printemps pour les sauver des grands froids ; mais elles fleuriraient plus tard et l'on courrait la chance de perdre beaucoup d'oignons par la pourriture, sur les tablettes où on les conserverait l'hiver.

On peut encore risquer quelques plantes annuelles craignant peu le froid et on obtiendra des fleurs au printemps, si la saison le permet. C'est le moment de séparer et de lever des marcottes d'œillets pour les mettre en pots et en place. On sépare et on éclate les touffes de la plupart des plantes vivaces ; cette opération ne doit jamais se faire avec un instrument tranchant, mais avec les mains et par déchirement.

On peut stratifier les graines et les noyaux qui, semés tout de suite, mettraient deux ans à lever. On fait sécher à l'ombre et à l'air les dernières graines de l'année ; on les renferme dans des sacs de papier, et on les dépose en un lieu sec.

NOVEMBRE.

Floraison du capillaire, de quelques primeurs, du chrysan-

thème des Indes et du laurier-thym. Effeuillaison presque générale.

On ne sème plus guère en ce mois, mais on continue planter dans les terrains secs. Toutefois, si le temps le perm.. on sèmera quelques pois Michaux, on repiquera quelqu laitues d'hiver. On couvre soigneusement les artichauts et le. pieds de cardons réservés pour graine.

Il est convenable de semer des graines d'asperges qui produiront des pieds plus beaux que ceux qu'on mettrait en terre au printemps. et les semences d'arbres qu'on ne stratifie pas, excepté celles des arbres verts, qu'il ne faut semer qu'en avril.

C'est dans le mois de novembre qu'on fait les premières couches. Elles servent à repiquer les laitues semées en octobre et à replanter celles qui ont été semées en août et en septembre, pour pommer en décembre ou en janvier ; elles servent aussi à faire de nouveaux semis de laitues et à semer des raves, des radis, du cresson et du cerfeuil.

Si le temps l'ordonne, on abrite avec de la litière ou des feuilles sèches, les artichauts, les laitues d'hiver et les légumes qui craignent le froid. On butte le pied de la plupart des végétaux pour les soustraire aux effets des pluies et des gelées. On empaille les lauriers, les grenadiers et les figuiers.

DÉCEMBRE.

Floraison de la véronique agreste, du laurier-thym, du tussilage odorant, de quelques violettes.

On peut risquer déjà les fèves de marais à de bons abris et à exposition très chaude. On peut encore planter les oignons des tulipe, de jacinthes, de narcisses qu'on aurait oubliés, ainsi que les pattes et griffes d'anémones et de renoncules.

On butte et on enterre les brocolis, on active avec de la colombine la végétation de l'oseille et des plantes vivaces.

On laboure; on plante des arbres ; enfin, on achève tous les travaux du mois précédent. On peut déjà tailler les pommiers surtout ceux qui sont en buissons, en quenouilles.

Les couches qu'on construit en décembre doivent être très étroites, afin que la chaleur des réchauds puisse les pénétrer aisément. On y fait les mêmes semis que dans le mois précédent. On commence aussi à semer les concombres hâtifs.

FIN.

9 782329 296852